健康影响评价实施操作手册

（2019版）

◎ 中国健康教育中心　编著

人民卫生出版社

·北　京·

图书在版编目（CIP）数据

健康影响评价实施操作手册：2019版/中国健康教育中心编著.—北京：人民卫生出版社，2020.8

ISBN 978-7-117-30310-1

Ⅰ.①健… Ⅱ.①中… Ⅲ.①环境影响-健康-评价-手册 Ⅳ.①X503.1-62

中国版本图书馆CIP数据核字（2020）第140546号

健康影响评价实施操作手册（2019版）

Jiankang Yingxiang Pingjia Shishi Caozuo Shouce（2019 Ban）

编　　著：中国健康教育中心
出版发行：人民卫生出版社（中继线 010-59780011）
地　　址：北京市朝阳区潘家园南里19号
邮　　编：100021
E - mail：pmph @ pmph.com
购书热线：010-59787592　010-59787584　010-65264830
印　　刷：三河市潮河印业有限公司
经　　销：新华书店
开　　本：787×1092　1/16　　印张：6
字　　数：146千字
版　　次：2020年8月第1版
印　　次：2020年8月第1次印刷
标准书号：ISBN 978-7-117-30310-1
定　　价：40.00元
打击盗版举报电话：010-59787491　E-mail：WQ @ pmph.com
质量问题联系电话：010-59787234　E-mail：zhiliang @ pmph.com

#《健康影响评价实施操作手册》(2019 版)

编写委员会

主　　任　李长宁

副主任　吴　敬

委　　员　(以姓氏拼音首字母为序):

Susann Roth　Najibullah Habib　杜　强　侯晓辉　霍　焱
姜　雯　蒋放芳　蒋希冀　金　波　李长宁　李潇天　李星明
刘继恒　刘晓俊　卢　永　吕书红　吕战胜　钱　玲　钱晓波
石红林　史宇晖　苏　宁　王　兰　王建勋　王希明　吴　敬
夏小雪　徐　勇　徐水洋　严丽萍　尹文强　张　萌　赵皓玥
仲学锋　庄辉烈

主　　编　卢　永　钱　玲

副主编　王　兰　吕战胜　张　萌　刘晓俊

主　　审　李长宁　吴　敬

审稿专家　(以姓氏拼音首字母为序):

李星明　卢　永　吕战胜　钱　玲　史宇晖　王　兰　徐　勇

编写秘书　安芮莹

编写说明

中共中央2016年8月26日审议通过《"健康中国2030"规划纲要》，作为推进健康中国建设的行动纲领。《"健康中国2030"规划纲要》第七篇"健全支撑与保障"中明确提出"全面建立健康影响评价评估制度，系统评估各项经济社会发展规划和政策、重大工程项目对健康的影响，健全监督机制"。2019年12月28日通过的《中华人民共和国基本医疗卫生与健康促进法》，其中第六条规定："各级人民政府应当把人民健康放在优先发展的战略地位，将健康理念融入各项政策""建立健康影响评估制度，将公民主要健康指标改善情况纳入政府目标责任考核"。

世界卫生组织将健康影响评价定义为系统地评判政策、规划、项目对人群健康的潜在影响及影响在人群中的分布情况的一系列程序、方法和工具。

为贯彻落实全面建立健康影响评价制度，提高健康影响评价能力，中国健康教育中心编写了《健康影响评价实施操作手册(2019版)》。本书包括健康影响评价的概述及相关名词解释、政府部门公共政策健康影响评价操作手册、相关领域健康影响评价技术指南及参考案例三个部分，旨在为各地各相关部门开展健康影响评价提供技术路径和参考工具。

本书在编写过程中，汲取国外健康影响评价工作经验，结合我国健康影响评价工作的实际探索，选择相关领域作为关注重点。譬如在"第二部分 政府部门公共政策健康影响评价操作手册"中，基于公共政策的定义，将除重大生产性工程项目之外的其他领域综合起来，总结县区层面以及部分省市的探索经验，从机制建立到技术流程进行全面梳理。对于重大生产性工程项目的健康影响评价，则将其作为一个特殊的领域对待，考虑在既有评价基础上探索健康影响评价开展机制或者在既有评价内容中补充健康相关内容的评价。本书第三部分选择空间规划和道路交通作为重点领域，对健康影响评价技术流程做专项论述。由于空间规划和道路交通的特殊性，其开展健康影响评价的技术操作流程在保持健康影响评价核心技术环节不变的基础上有所变化。本书同时将健康影响评价技术流程与案例结合,以期帮助读者更好地理解和运用。

本书主要针对我国县区级相关部门开展健康影响评价使用,同时可为省、市级及跨区域开展健康影响评价工作提供参考。

编委会

2020 年 4 月

目　　录

第一部分

健康影响评价的概述及相关名词解释

1　健康影响评价的概述

1.1　健康影响评价的定义

世界卫生组织（World Health Organization，WHO）于1999年提出，健康影响评价（health impact assessment，HIA）是指系统地评判政策、规划、项目（通常是多个部门或跨部门）对人群健康的潜在影响及影响在人群中的分布情况的一系列程序、方法和工具。

国际影响评价协会（International Association for Impact Assessment，IAIA）定义健康影响评价为一种集程序、方法和工具的组合，它能系统地判断出政策、计划、方案或项目对人群健康的潜在（或非预期的）影响及其在人群中的分布，并确定适宜的行动来管理这些影响。

健康影响评价旨在通过考察政策、规划、项目对健康的潜在影响，进而影响决策过程。健康影响评价帮助政策制定者预见不同的选择如何对健康产生影响，促使他们在选择时充分考虑健康结果。

1.2　健康影响评价的起源与发展

健康影响评价最初由环境影响评价制度（environmental impact assessment，EIA）衍生而来。20世纪80年代开始，人们意识到健康状态受多种因素影响，包括社会、文化和物质环境以及个人行为特征。世界卫生组织在20世纪80年代提出环境健康影响评价（environmental health impact assessment，EHIA）的概念，在环境影响评价评估过程中加入健康评估的内容。早期的健康影响评价研究及实践大多在加拿大、澳大利亚以及欧洲的一些发达国家进行，在大型基础设施项目以及环境影响评价流程中检视健康问题，基于环境影响评价的实施建立模型，或与环境影响评价相结合。也有研究者指出健康影响评价的另一个起源即政治科学和其他社会科学的政策评估。

20世纪90年代，健康影响评价运动在加拿大和部分欧洲国家达到高潮，研究者对其定义和目标等方面进行探索，形成了较为成熟的理论体系。以英国和荷兰为早期代表，欧洲的健康机构和研究者积极探索健康影响评价理论框架，并开发出一系列评价工具。譬如1990年英国海外发展管理局发起“利物浦健康影响计划（the Liverpool health impact program）”。

1992年亚洲开发银行(Asian Development Bank,ADB)为开发健康影响评价框架,融合了环境影响评价,涉及危险辨识以及风险解读和管理。从1993年开始,加拿大英属哥伦比亚省要求通过内阁向政府提交议案时附上健康影响评价报告;不久,该省健康和老年人管理局开发出第一个健康影响评价工具。欧美国家在农业、空气、文化、能源、住房等多个领域应用健康影响评价工具,以减少相关政策和项目对公共健康的影响。

21世纪开始,健康影响评价的发展更加多元化。欧洲、北美、非洲和亚太地区陆续进行健康影响评价实践,积累了丰富的经验,健康影响评价已经发展成为全球范围内的一项实践,对改善健康和健康公平发挥出重要作用。

世界卫生组织一直积极支持健康影响评价的发展。由于现有机制中公共机构在决策时常常未考虑政策对健康产生的影响,以及公众对不同机构共同承担健康责任的呼吁,1986年,世界卫生组织即宣称健康影响评价应作为一个独立工作领域,并在《渥太华宪章》(*Ottawa Charter for Health Promotion*)指出:和平、住房、教育、食品、经济收入、稳定的生态环境、可持续的资源、社会的公正与平等是健康的必要条件,敦促所有部门的决策者要了解到他们的决策对健康带来的影响并承担相应的责任。《渥太华宪章》要求"系统地评估环境的迅速改变对健康的影响,特别是在技术工作、能源生产和城市化的地区,尤其如此"。1999年,世界卫生组织欧洲健康政策中心发布《哥德堡共同声明》(*The Gothenburg Consensus Paper*),认为健康影响评价有4种价值:民主、公平、可持续发展,以及合乎伦理地使用证据。《哥德堡共同声明》为健康影响评价这个新兴领域提供了重要的合法依据。

国内针对健康影响的评价主要集中在环境影响评价,已经比较制度化,或者在重大工程项目的卫生学评价、卫生应急和食品安全风险评估等工作中,通常依据需要对工程项目中可能涉及的特定健康问题进行预测性评价,大多聚焦于环境保护、传染病防控等领域,评价的健康危险因素通常已有明确的安全阈值标准。在个别的项目评价中也涉及健康影响评价,如三峡工程对于周围特定人群的影响研究、2008年北京奥运会对于城市健康影响的评估。2014年以来,结合国际经验和中国公共政策决策体制,在健康促进县区试点建设中尝试建立公共政策健康审查制度,为探索健康影响评价机制、路径和流程积累了工作经验。目前从国家到省、市各个层面,从公共卫生专业机构到大学院校及研究机构,均开展了健康影响评价机制、路径和方法的研究和实践探索。如浙江省省级层面,杭州市、成都市等省会城市,宜昌市、深圳市、琼海市等地组织开展了相关研究,其中湖北省宜昌市人民政府于2018年制定下发了《宜昌市公共政策健康影响评价实施方案(试行)》,杭州市人民政府2019年10月印发了《杭州市公共政策健康影响评价试点实施方案(试行)》。健康影响评价日渐成为业界关注的焦点。

1.3 健康影响评价的内容和技术程序

与世界卫生组织对健康的定义,即"健康(Health)不仅仅是没有疾病和痛苦,还是躯体和生理上的完好以及良好的社会适应状态"相呼应,健康影响评价的内容涵盖了经济、社会、环境等领域,涉及人们生存、生产、生活的方方面面。

健康影响评价与环境影响评价、社会影响评价(social impact assessment,SIA)的具体内容,既有相互交叉,也有各自不同。即使是针对相同的内容进行评估,三者也因为各自不同的领域,其评估的侧重点存在明显差异。如健康影响评价和社会影响评价均涉及公共健康、就业、教育和个人行为方面，社会影响评价研究的重点是项目或政策如何影响就业率、收入和住房等；而健康影响评价的重点是项目引起的就业率、住房变化如何最终影响居民健康，譬如就业和收入如何影响总体发病率、高密度和低质量住房环境如何影响呼吸系统疾病传播、犯罪率，暴力事件如何影响伤害发生率等。

健康影响评价使用最为广泛的领域存在于环境、交通和土地使用规划方面，并逐渐应用到劳动、教育、司法、食物供应系统以及其他公共机构。南美洲、非洲和亚太地区的评估更多关注于能源开发和基础设施项目。

目前公共健康和城乡规划的跨学科交叉研究日益受到关注，在规划实践中纳入健康影响评价工具逐步成为新兴趋势。健康影响评价为规划师提供了预判规划潜在健康影响的方法，同时能够使决策者和居民都可以从健康角度参与规划过程，了解其潜在影响并提出相关建议，开展公众参与。

健康影响评价的技术程序与环境影响评价、社会影响评价类似。世界卫生组织推荐健康影响评价核心步骤为筛选、范围界定、评估、报告、监测(图 1-1)。在各国实践中，虽然具体实施程序有所差异，但技术核心不变。

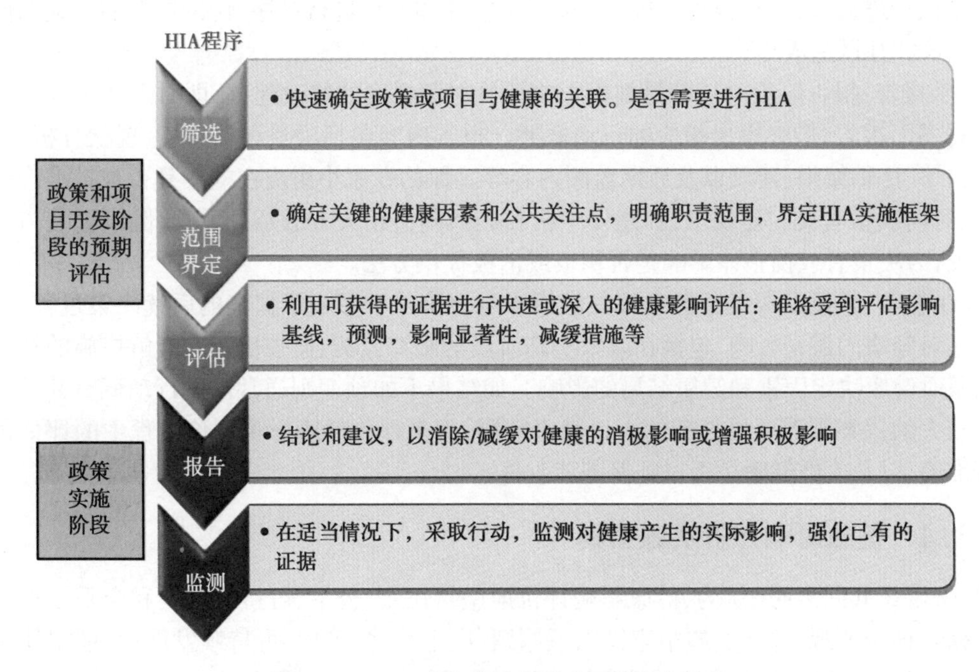

图 1-1　WHO 建议的健康影响评价技术程序

(1) 筛选：筛选阶段的目的是快速确定某一项提案(政策、规划或建设项目)是否需要做健康影响评价。筛选的内容包括该提案是否对社会经济、环境、生活方式等健康因素产生潜在的积极影响或消极影响，潜在的影响是否会带来伤害或影响到较多的人群等，最终确定是否需要进行健康影响评价。由于不可能对所有的工程、政策或项目都进行健康影响评价，通过筛选来判断何时需要进行健康影响评价。筛选需要重点关注的是提案是否会影响主要的健康决定因素以及是否会影响全人群或脆弱群体，判定健康影响评价在决策过程中的价值、可行性和实用性。

⑵ 范围界定:此阶段为评估过程界定范围,明确哪些部门或决策者应该参与健康影响评价过程,决定各个部门和成员在评估过程中具体参与哪些内容。确定需要调查哪些潜在的健康影响以及健康影响评价实施的地理范围和相关人群。从政策变动的紧迫性、影响、利益、时间及可用资源等方面确定健康影响评价要优先考虑的问题,确定健康影响评价实施框架,包括执行计划、时间安排和职责范围,确定证据收集和研究方法等。

⑶ 评估:评估阶段是确定是否存在健康危害和寻找对健康存在影响的证据的过程,健康影响评价的大部分工作在这个阶段完成。评估过程中,先由专家小组对该提案进行详细的审查,包括提案的相关文件中有关健康决定因素、社会经济等问题与提案关键要素的关系,从而列出提案可能对实施区域造成的具体健康危害。评估是健康影响评价的主要工作内容。可采用定性和定量方法收集和分析证据(如相关政府部门资料、采访关键人士、组织公众群体进行讨论、实地调研、地理信息系统绘图以及文献分析等),描述人群健康状况的基线和预期健康影响,评估不确定性,明确并评估缓解措施、策略、备选决策方案的效用与可行性,推荐优先选择,开发健康管理和监测计划等。在此阶段中会使用一系列方法(包括访谈重点人群、调查和社区分析等),整理最佳的定性和定量证据,由专家小组对数据进行分析,将健康风险进行分类(积极和消极),并按照重要性和大小进行排序,讨论提案的实施如何对不同人群和社区造成影响。

⑷ 报告:报告阶段的任务是健康影响评价对于提案的修改建议,即对评估过程以及结果进行书面报告,最终得出相应的行动框架。报告内容包括项目评估背景、现状分析、影响因素清单、评估结果、建议以及后期监测内容等。评估专家小组应在提案是否被批准许可之前,及时向决策者交付建议书,在建议中明确提出利益相关方的意见,摆明健康影响与提案的冲突,为决策者权衡整体影响是否积极或消极提供方法。

⑸ 监测:监测阶段的任务是评估健康影响评价是否影响了提案的后续决策过程,并分析提案对健康的潜在影响,包括在政策实施阶段的跟踪监测、监控决策和缓解措施的执行情况以及对健康决定因素和健康结局的影响。如结果不如预期则通常需做行动调整并再次评估。较大的提案则需要更长期的人口健康监测,用来评价健康影响评价过程中的评估预测是否准确,以及人群健康是否得到促进和改善。

1.4 健康影响评价实施原则

《哥德堡共同声明》认为,健康影响评价应坚持民主、公平、可持续发展和合乎伦理地使用证据 4 种价值观,并在实施中遵循以下原则:民主性、公平性、可持续发展性、证据使用的伦理性以及处理健康问题方法的综合性。

⑴ 民主性:强调公民有权直接参与或通过其选举的决策者参与那些影响其生活的提案的制订过程。应将公众参与纳入健康影响评价并告知和影响决策制定者。应区分那些自愿暴露于风险的人和那些被迫暴露于风险的人。

⑵ 公平性:强调减少不平等。这些不平等来源于人群内部和人群之间的健康决定因素和 / 或健康状况的可避免差异。健康影响评价应当考虑到对不同人群健康影响的差异性,格外关注弱势群体,并提出修改意见,从而改善对受众的影响。

⑶ 可持续发展性:强调发展在满足当代人需求的同时,应不损害后代人满足其自身需求的能力。健康影响评价方法应当判断每个提案的短、长期效应,并及时提供给决策者。健

康是人类社会保持活力的基础,支持着整个社会的发展。

(4) 证据使用的伦理性:强调证据归纳和解释的过程必须是透明和严格的,强调使用来自不同学科和方法的最佳证据,强调所有证据的价值性以及建议的公平性。健康影响评价方法应当利用证据来判断影响并提出建议,不应当过早地支持或反驳任何建议,并且应当是严格和透明的。

(5) 处理健康问题方法的综合性:强调身体、心理和社会适应是由社会各个部门的众多因素所决定(即"更广泛的健康决定因素")。健康影响评价方法应当基于这些广泛的健康决定因素。

1.5　健康影响评价的益处及意义

Rajiv Bhatia 博士基于世界卫生组织相关报告及研究文献综述,在《健康影响评价实践指南》中系统阐述了健康影响评价的意义:

(1) 健康影响评价可以鉴别和定性出每一项可替换的决策给健康带来的潜在伤害或益处,包括对一些特定人群所带来的不利影响,为大众和政策制定者提供一个了解每一项议案对健康影响的途径。同时,健康影响评价可以为计划、政策、程序、项目推荐一些缓解措施和备选设计,以保护和提升健康水平、防止健康不公平现象的发生。

(2) 健康影响评价确保决策制订过程中,对健康影响方面保持透明性和责任性。健康影响评价提供了一种特别机制,能使受影响人群参与到相关政策制定的过程中,有助于解决公众关注和争议的健康问题,尽可能地对政策的实施产生更大的推动作用。

(3) 健康影响评价可成为一种工具,构建针对人群健康需求的公众意识和体制意识。作为体制研究的承载物,健康影响评价将影响到政策制定者对于决策的健康效应的思考方式、体制机构将健康考量与政策设计的结合方式、公共健康领域与公共机构(除健康部门外)的关系模式。

健康影响评价是实施健康中国战略的核心策略之一。《"健康中国 2030"规划纲要》把"将健康融入所有政策"作为推进健康中国建设的重要保障机制,要求加强各部门各行业的沟通协作,形成促进健康的合力。全国卫生与健康大会将"把健康融入所有政策"上升为新时期卫生与健康工作方针的内容之一,要从战略的、全局的高度,全面推进实施这一方针。如何落实"把健康融入所有政策"方针,其核心是全面建立健康影响评价评估制度,系统评估各项经济社会发展规划和政策、重大工程项目对健康的影响,并健全监督机制。

(撰　写　孙　桐　徐水洋　钱　玲　卢　永;
审　核　李星明　史宇晖)

参考文献

[1] 中国共产党中央委员会,中华人民共和国国务院."健康中国 2030"规划纲要[R/OL].[2016-10-25]. http://www.gov.cn/xinwen/2016-10/25/content_5124174.htm.

[2] Adrian Field. Integrating Health Impact Assessment in Urban Design and Planning: The Manukau Experience

[R]. Wellington, New Zealand: the Ministry of Health, 2011.

[3] Catherine L. Ross, Karen Leone de Nie, Andrew L. Dannenberg, et al. Health Impact Assessment of the Atlanta BeltLine [J]. American Journal of Preventive Medicine, 2012, 42(3): 203-213.

[4] Fran Baum. The New Public Health [M]. Oxford, United Kingdom: Oxford University Press, 2008.

[5] Fran Baum, Angela Lawless, Toni Delany, et al .Health in All Policies from International Ideas to Local Implementation: Policies, Systems and Organizations [M]// C.Clavier, E. de Leeuw. Health Promotion and the Policy Process: Practical and Critical Theories. Oxford, United Kingdom: Oxford University Press, 2013.

[6] 高荷蕊, 刘民, 梁万年, 等 .2008 年奥运会对北京城市健康环境影响的阶段性评估[J]. 首都公共卫生, 2007, 1(2): 58-64.

[7] International Association for Impact (IAIA). Health Impact Assessment: International Best Practice Principles [R].Special Publication Series, 2006:(5).

[8] John Kemm. Health Impact Assessment: Past Achievement, Current Understanding, And Future Progress [M]. Oxford, United Kingdom: Oxford University Press, 2013.

[9] John Kemm, Jayne Parry. The Development of HIA [M] // John Kemm, Jayne Parry, Stephen Palmer, et al. Health Impact Assessment. Oxford, United Kingdom: Oxford University Press, 2004a: 15-24.

[10] Karen Lock, Mojca Gabrijelcic-Blenkus, Marco Martuzzi, et al. Health Impact Assessment of Agriculture and Food Policies: Lessons Learnt from the Republic of Slovenia [R]. Bulletin of the World Health Organization, 2003, 81(6): 391-398.

[11] Kimmo Leppo, Eeva Ollila, Sebastián Pana, et al. Health in All Policies: Seizing Opportunities, Implementing Policies [M]. Finland: Ministry of Social Affairs and Health, 2013.

[12] 刘民, 梁万年, 傅鸿鹏, 等 .2008 年北京奥运会对人群健康影响的评价指标体系[J]. 首都公共卫生, 2007, 1(3): 108-110.

[13] 中国健康教育中心 . 健康影响评价理论与实践研究[M]. 北京: 中国环境出版集团, 2019.

[14] Public Health Advisory Committee. A Guide to Health Impact Assessment: A Policy Tool for New Zealand, 2nd edition [R]. Wellington: New Zealand, 2005: 28-76.

[15] Public Health Commission. A guide to health impact assessment: Guidelines for Public Health Services and Resource Management Agencies and Consent Applicants [R]. 1995.

[16] 钱玲, 卢永, 李星明, 等 . 国外健康影响评价的研究和实践进展[J]. 中华健康管理学杂志, 2018, 12(3): 282-287.

[17] Rajiv Bhatia. Health Impact Assessment: A Guide for Practice [R]. Oakland, CA: Human Impact Partners, 2011: 9-49.

[18] 任亚龙 . 论我国环境影响评价制度[D]. 南宁: 广西师范大学, 2013: 10-11.

[19] The enHealth Council, the National Public Health Partnership. Health Impact Assessment Guidelines [R]. Canberra, Australia: Public Affairs, Parliamentary and Access Branch, Commonwealth Department of Health and Aged Care, 2001, 11.

[20] 汪洋, 陈静, 龙倩, 等 . 三峡工程对库区人群健康的影响研究[J]. 西南大学学报(自然科学版), 2005, 27(4): 491-493.

[21] World Health Organization (WHO). Constitution of WHO: Principles [EB/OL]. (1948). http://www.who.int/about/mission/en/.

[22] World Health Organization (WHO). Declaration of Alma Ata. International Conference on Primary Health Care, Alma ATA, USSR. [EB/OL]. (1978). http://www.who.int/topics/primary_health_care/alma_ata_declaration/zh/.

[23] World Health Organization (WHO). Ottawa Charter for Health Promotion [EB/OL]. (1986). http://www.euro.who.int/en/publications/policy-documents/.

[24] World Health Organization (WHO). Adelaide Recommendations on Healthy Public Policy [EB/OL]. (1988). www.who.int/healthpromotion/conferences/previous/adelaide/en/index1.html.

[25] World Health Organization (WHO). Health Impact Assessment: Main Concepts and Suggested Approach: The Gothenburg Consensus Paper [R]. Brussels: WHO Regional Office for Europe, 1999.

[26] World Health Organization (WHO).Health in All Policies (HiAP) Framework for Country Action [R]. Geneva: WHO, 2014. https://www.who.int/healthpromotion/frameworkforcountryaction/en/.

[27] World Health Organization (WHO). Social determinants of health: Health Promotion Conference Builds Momentum for Health in All Policies [EB/OL]. http://www.who.int/social_determinants/areas/global_initiative/8th_global_conference_health_promotion/en/.

[28] World Health Organization (WHO). Health Impact Assessment: Examples of HIA [DB/OL]. https://www.who.int/hia/examples/en/.

2　相关名词解释

2.1　健康相关名词

2.1.1　健康

世界卫生组织(World Health Organization,WHO)于1948年在其组织宣言中指出,健康(Health)不仅仅是没有疾病和痛苦,还是躯体和生理上的完好以及良好的社会适应状态;享有最高标准的健康是每个人的一项基本权利,与种族、宗教信仰、政治信仰、经济或社会条件无关;政府部门对其公民的健康负有责任,应提供充足的卫生和社会保障措施。

世界卫生组织在《阿拉木图宣言》(*Declaration of Alma Ata*)中重申这一定义,并指出:"达到尽可能高的健康水平是世界范围内一项最重要的社会性目标,而其实现则要求卫生部门及社会各部门协调行动。"

根据世界卫生组织对健康的定义,人的健康的标准可概括为三个方面:

(1) 躯体健康:指人的机体及其生理功能方面的健康,包括身体发育正常,体重适当,体形匀称,眼睛明亮,头发有光泽,皮肤有弹性,睡眠好,能够抵抗一般性感冒和传染病等。

(2) 心理健康:指人的精神、情绪和意识方面的良好状态,包括智力发育正常,自我人格完整,心理平衡,有正确的人生目标和较好的自控能力,精力充沛,情绪稳定,处事乐观,能从容不迫地负担日常生活,对于繁重的工作不感到过分紧张与疲劳,思想和行为符合社会准则及道德规范,与周围环境保持协调,具有追求健康文明生活方式的主观愿望和自觉行动,能够对健康障碍采取及时、合理的预防、治疗和康复措施。

(3) 社会适应性良好:指人的外显行为和内隐行为都能适应复杂的社会环境变化,能为他人所理解,为社会所接受,行为符合社会身份,与他人保持正常的人际关系。同时,还应该经受良好的文化教育,掌握与自身发展和社会进步相适应的科学知识或专业技能,培养从事工作、生产、劳动及其他社会事务的综合素质,不断丰富人生经历、积累人生经验、增强社会适应能力。

2.1.2　健康公平

健康公平指每个人都应有公平的机会发挥其全部健康潜能,如果可以避免,任何人都不能被剥夺机会。健康公平是社会公平的一个重要方面,包括健康状态公平和卫生保健公平两个方面。

(1) 健康状态公平是指在生物学范围内,每个人都有同等的机会尽可能达到身体、精神和社会生活的完好状态。

(2) 卫生保健公平是指每个人都能公正和平等地获得可利用的卫生服务资源,它涉及卫生服务提供、卫生服务筹资和利用三个方面的公平,具有水平公平和垂直公平两方面的含义:

1) 水平公平:①同等需要者在卫生服务上的消费相同;②同等需要者获得、利用卫生服务的机会相同,享受到的卫生服务质量相等;③同等需要者对卫生服务的利用相等。

2) 垂直公平:①基于消费者付费能力基础上的累进制筹资机制;②基于消费者需要基

础上恰当的、高效的卫生服务。

健康不公平是指在个体或人群组别间，存在着不必要的、可避免和不公正的健康状态及其危险因素或卫生服务利用上的不平等。这种不合理的不平等就是健康不公平。

2.1.3　健康决定因素

健康决定因素（或健康影响因素，determinants of health，DH），有时也称健康危险因素（health risks），是指能使疾病或死亡发生的可能性增加的因素，或者是能使健康不良后果发生概率增加的因素。

关于健康决定因素有不同的分类标准，基本包括生物遗传因素、行为生活方式因素、环境因素、医疗卫生服务因素四类。表 2-1 将健康决定因素细分为生物因素、个人 / 家庭情境、社会环境、物理环境、公共服务和公共政策。

表 2-1　健康决定因素一览

类别	健康决定因素
生物因素	年龄、性别、遗传因素
个人 / 家庭情境	家庭结构、教育、职业、失业、收入、冒险行为、饮食、吸烟、酗酒、滥用药物、运动、休闲时间、出行工具（自行车 / 汽车）
社会环境	文化、同辈压力、歧视、社会支持（友好的邻居，社会团体或感觉被孤立）、社区、宗教
物理环境	空气、水、住房条件、工作条件、噪声、景观、公共安全、市政规划、商店（地点 / 范围）、通信（公路 / 铁路）、土地利用、废物处理、能源、地方环境特征
公共服务	医疗卫生服务机构、儿童保健、社会服务、住房 / 休闲 / 就业 / 社会保障服务的数量和质量、公共交通、公共安全、志愿者和社区服务机构与服务
公共政策	经济 / 社会 / 环境 / 健康趋势、地方 / 国家优先事项、政策和方案

保持人们良好健康状态的因素往往不在卫生健康部门的直接影响范围之内，涉及到很多非卫生健康部门。健康影响评价关注的是可以被改变的健康决定因素，并在人群层面上保护或促进健康。年龄、性别和遗传等个性生物学因素是重要的健康决定因素，但它们无法改变，因此不是健康影响评价关注的内容。

健康影响评价通过分解可改变的健康决定因素（图 2-1），分析政策、计划、方案或项目在这些因素上的影响，以达到影响和优化政策、计划、方案或项目的目的，并将健康保护和促进有效地融入其中。

2.1.4　健康社会决定因素

2008 年，世界卫生组织“健康社会决定因素委员会（Commission on Social Determinants of Health，CSDH）”提交报告《用一代人时间弥合差距：针对健康社会决定因素采取行动以实现健康公平》。其核心观点是：在各国内以及国家之间，健康不公平现象普遍存在；造成健康不公平的因素除了医疗卫生服务体系不合理外，主要是个人出生、生长、生活、工作和养老的环境不公平，而决定人们日常生活环境不公平的原因是权力、金钱和资源分配的不合理，其根源是在全球、国家、地区层面上广泛存在着政治、经济、社会和文化等制度性缺陷；因此，必须对健康和健康不公平的情况进行科学的测量，理解其严重程度并分析原因，从全球、国家和地区层面做出高度的政治承诺，采取“将健康融入各项公共政策”的策略，建立跨部门的合

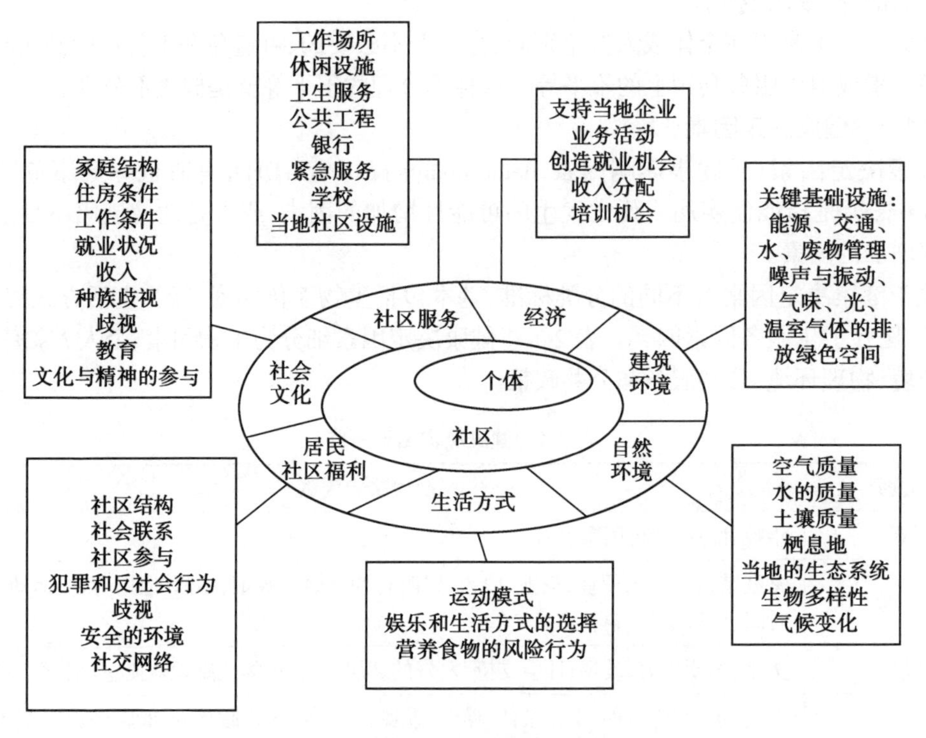

图 2-1　可改变的健康决定因素的分析框架

作机制，动员社会组织和居民广泛参与，改善人们的日常生活环境，从法律、政策和规划等各个方面采取行动，用一代人的时间弥合健康差距。

报告对健康的社会决定因素（social determinants of health，SDH）做出定义：即在直接导致疾病的因素之外，由人们的社会地位所拥有的资源决定的生活和工作环境及其他对健康产生影响的因素，包括经济地位、社会排斥、居住和工作环境等多方面的内容，反映了人们由出生、成长、生活、工作直至衰老面临的不平等，并最终导致了健康的不平等。

社会决定因素被认为是决定健康和疾病的根本原因，它包括人们从出生、成长、生活、工作到衰老的全部社会环境特征，如收入、教育、饮水和卫生设施、居住条件和社区环境等。

2.1.5　将健康融入所有政策

“将健康融入所有政策”（Health in All Policies，HiAP）是一种以改善人群健康和健康公平为目标的公共政策制定方法，它系统地考虑这些公共政策可能带来的健康后果，寻求部门间协作，避免政策对健康造成不利影响。

“将健康融入所有政策”策略的提出是以健康相关的权利和义务为基础，重点关注公共政策对健康决定因素的后续影响，旨在提高各级政策制定者对健康的责任。

“将健康融入所有政策”适用于各级政府部门，即制定政策和实施政策的机构，包括立法机构和行政机构。

2.1.6　健康结局

健康结局（health outcome）是指人群中个体和群组或整个人群的健康状况。

2.2　健康影响评价相关名词

2.2.1　健康影响评价

世界卫生组织于1999年提出，健康影响评价（health impact assessment，HIA）是指系统地评判政策、规划、项目（通常是多个部门或跨部门）对人群健康的潜在影响及影响在人群中的分布情况的一系列程序、方法和工具。

健康影响评价旨在通过考察政策、规划、项目对健康的潜在影响，进而影响决策过程。健康影响评价帮助政策制订者预见不同的选择如何对健康产生影响，促使他们在选择时充分考虑健康结果。

2.2.2　环境影响评价

环境影响评价（environmental impact assessment，EIA）简称环评，是一项控制环境影响的制度，旨在减少项目开发导致的污染，维护人类健康与生态平衡。环境影响评价就是对所有新建设的工程，对其可能对环境产生的不利影响和需要采取的措施，预先进行评估，征求工程所在地居民和地方政府的意见，对原计划进行修改，直到取得一致意见再开始建设。环境影响评价是一种导向性的评价，各个国家对环境影响评价的格式和规范有不同的要求。环境影响评价可能会极大地影响工程设计、投资和开工日期，但可以将工程对环境的不利影响预先降低到最小，降低以后的污染治理费用。

2.2.3　环境健康影响评价

世界卫生组织在20世纪80年代提出环境健康影响评价（environmental health impact assessment，EHIA）的概念，在环境影响评价评估过程中加入健康评估的内容。世界卫生组织认为，评价内容必须包括：发展政策和建设项目或产品对人群健康及安全应有恰当的评价；鼓励环境科学专业人员和公共卫生专业人员之间的协作；环境健康问题要有公共讯息和公众参与。

环境健康影响评价在环境影响评价中的含义，随着环境影响评价的对象及其自然、社会环境的不同而异，并非所有的影响评价必须包括健康影响，但强调所有的初步设计必须审查该发展政策和建设项目是否对健康有影响。

EHIA是预测、分析和评估由规划和建设项目实施后可能造成的环境质量变化而带来的人群健康影响及其安全性。首先应筛选主要污染物和确定污染范围，并掌握项目实施前人群健康状况，计算、预测项目实施后的环境质量状况的变化及可能对人群健康的影响。基本方法有专家预测法、趋势外推法和类比法等。

2.2.4　社会影响评价

社会影响评价（social impact assessment，SIA）是对于政策、项目、事件、活动等所产生的社会方面的影响、后果，进行事前的与事后的分析评估的一种技术手段。社会影响评价是具体应用于政策或项目的社会科学研究方法，目的在于理解社会生活的状况、原因和结果。它通过运用社会科学的知识和方法，来分析政策或项目可能带来的社会变化、影响和结果，并提供相关知识或者对策，以降低负面影响和实现有效管理。

2.2.5　公共政策评价

公共政策评价（public policy assessment，PPA）：是指特定的评价主体根据一定的标准和程序，通过考察政策过程的各个阶段、各个环节，对政策的效果、效能及价值所进行的检测、评价和判断。其目的在于取得相关方面的信息，作为决定政策变化、政策改进和制定新政策的依据。公共政策评价贯穿于整个政策过程中，根据其在政策过程所处的阶段来看，可分为事前（预测性）评估、执行（过程）评估和事后（效果）评估。公共政策评价也可根据政策影响领域进行划分，如经济影响评价、社会影响评价、环境影响评价、健康影响评价、健康公平影响评价等。

2.3 政策、规划相关名词

2.3.1 公共政策（政策）

公共政策是国家（政府）、执政党及其他政治团体在特定时期为实现一定的社会政治、经济和文化目标所采取的政治行动或所规定的行为准则，它是一系列谋略、法令、措施、办法、方法、条例的总称。公共政策的内涵包括：

(1) 由特定的主体，即国家或政府、执政党及其他政治团体所制定及执行，体现了主体的意志，它与个人、企业等所作出的决定不同，具有法定的权威性。

(2) 具有特定的价值取向，要实现特定目标或目的，具有明确的方向性。同时政策在特定的历史时期内起作用，具有时效性。

(3) 表现为一系列行为所构成的行动过程，是政府为解决特定社会问题以及调整相关利益关系而采取的政治行动过程。

(4) 是一种行为准则或行为规范。政策总有具体的作用对象或客体，它规定对象应做什么和不应做什么；规定哪些行为受鼓励、哪些行为被禁止。政策规定常带有强制性，它必须为政策对象所遵守。

公共政策的基本含义是：①公共政策是由政府或其他权威人士所制订的计划、规划或所采取的行动；②公共政策不只是一种孤立的决定，而且是有一系列的活动所构成的过程；③公共政策具有明确的目的、目标或方向，并以一定的价值观作为基础；④公共政策是对全社会的有价值之物所做的权威性分配，即涉及人们的利益关系。

2.3.2 国民经济与社会发展规划

1982年，国家计划委员会（现为国家发展改革委）规定，把国民经济计划改为国民经济和社会发展计划，既包括国民经济发展计划，也包括科学技术和社会发展计划。

国民经济和社会发展规划是全国或者某一地区经济、社会发展的总体纲要，是具有战略意义的指导性文件。国民经济和社会发展规划统筹安排和指导全国或某一地区的社会、经济、文化建设工作。

(1) 国民经济和社会发展规划的三级三类规划管理体系：①按行政层级，分为国家级规划、省（区、市）级规划、市县级规划；②按对象和功能类别，分为总体规划、专项规划、区域规划。

国家总体规划和省（区、市）级、市县级总体规划分别由同级人民政府组织编制，并由同级人民政府发展改革部门会同有关部门负责起草；专项规划由各级人民政府有关部门组织编制；跨省（区、市）的区域规划，由国务院发展改革部门组织国务院有关部门和区域内省（区、市）人民政府有关部门编制。

(2) 总体规划、专项规划和区域规划的定位：总体规划是国民经济和社会发展的战略性、纲领性、综合性规划，是编制本级和下级专项规划、区域规划以及制定有关政策和年度计划的依据，其他规划要符合总体规划的要求。

专项规划是以国民经济和社会发展特定领域为对象编制的规划，是总体规划在特定领域的细化，也是政府指导该领域发展以及审批、核准重大项目，安排政府投资和财政支出预算，制定特定领域相关政策的依据。

区域规划是以跨行政区的特定区域国民经济和社会发展为对象编制的规划，是总体规划在特定区域的细化和落实。跨省(区、市)的区域规划是编制区域内省(区、市)级总体规划、专项规划的依据。

国家总体规划、省(区、市)级总体规划和区域规划的规划期一般为5年，可以展望到10年以上。市县级总体规划和各类专项规划的规划期可根据需要确定。

(3) 国家级专项规划的领域：国家级专项规划原则上限于关系国民经济和社会发展大局、需要国务院审批和核准重大项目以及安排国家投资数额较大的领域。

主要包括：农业、水利、能源、交通、通信等方面的基础设施建设，土地、水、海洋、煤炭、石油、天然气等重要资源的开发保护，生态建设、环境保护、防灾减灾，科技、教育、文化、卫生、社会保障、国防建设等公共事业和公共服务，需要政府扶持或者调控的产业，国家总体规划确定的重大战略任务和重大工程，以及法律、行政法规规定和国务院要求的其他领域。

(4) 国家级区域规划的范围：国家对经济社会发展联系紧密的地区、有较强辐射能力和带动作用的特大城市为依托的城市群地区、国家总体规划确定的重点开发或保护区域等，编制跨省(区、市)的区域规划。

其主要内容包括：对人口、经济增长、资源环境承载能力进行预测和分析，对区域内各类经济社会发展功能区进行划分，提出规划实施的保障措施等。

2.3.3　工程项目

工程项目是以工程建设为载体的项目，是作为被管理对象的一次性工程建设任务。它以建筑物或构筑物为目标产出物，需要支付一定的费用、按照一定的程序、在一定的时间内完成，并应符合质量要求。

根据不同的划分标准，工程项目可分为不同的类型。

(1) 生产性工程项目和非生产性工程项目：生产性工程项目是指形成物质产品生产能力的工程项目，例如工业、农业、交通运输、建筑业、邮电通信等产业部门的工程项目；非生产性工程项目是指不形成物质产品生产能力的工程项目，例如公用事业、文化教育、卫生体育、科学研究、社会福利事业、金融保险等部门的工程项目。

(2) 基本建设工程项目(简称建设项目)、设备更新和技术改造工程项目：基本建设工程项目是指以扩大生产能力或新增工程效益为主要目的新建、扩建工程及有关方面的工作。建设项目一般在一个或几个建设场地上，并在同一总体设计或初步设计范围内，由一个或几个有内存联系的单项工程组成，经济上实行统一核算，行政上有独立的组织形式，实行统一管理。通常是以一个企业、事业、行政单位或独立工程作为一个建设单位。更新改造项目是指对原有设施进行固定资产更新和技术改造相应配套的工程以及有关工作。更新改造项目一般以提高现有固定资产的生产效率为目的，土建工程量的投资占整个项目投资的比重按现行管理规定应在30%以下。

(3) 新建、扩建、改建、恢复和迁建项目：新建项目一般是指为经济、科学技术和社会发展而进行的平地起家的投资项目。有的单位原有基础很小，经过建设后其新增的固定资产的价值超过原有固定资产原值3倍以上的也算新建。扩建项目一般是指为扩大生产能力或新增效益而增建的分厂、主要车间、矿井、铁路干线、码头泊位等工程项目。改建项目一般是指为技术进步，提高产品质量，增加花色品种，促进产品升级换代，降低消耗和成本，加强资源综合利用、三废治理和劳动安全等，采用新技术、新工艺、新设备、新材料等而对现有工艺条件进行技术改造和更新的项目。迁建工程项目一般是指为改变生产力布局而将企业或事业单位搬迁到其他地点建设的项目。恢复项目一般是指因遭受各种灾害而使原有固定资产全部或部分报废，以后又恢复建设的项目。

(4) 大、中、小型项目：大型项目、中型项目和小型项目是按项目的建设总规模或总投资额来划分的。生产单一产品的工业项目按产品的设计能力划分；生产多种产品的工业项目按其主要产品的设计能力来划分；生产品种繁多、难以按生产能力划分的按投资额划分。划分标准以国家颁布的《大中小型建设项目划分标准为依据》。

(5) 内资项目、外资项目和中外合资项目：内资项目、外资项目和中外合资项目是以资本金的来源为标准进行划分，其中内资项目是指运用国内资金作为资本金进行投资的工程项目；外资项目是指利用外国资金作为资本金进行投资的工程项目；中外合资项目是指运用国内和外国资金作为资本金进行投资的工程项目。

2.3.4　城镇开发边界

城镇开发边界：城镇行政辖区内划分可进行城市开发建设和不可进行城市开发建设的空间界限(来源：2014年7月住建部、国土部联合召开的城市开发边界试点城市启动会)。

本手册中所指的城镇开发边界内既包括建成区也包含规划建设区。

2.3.5　规划区

规划区是指城市、镇和村庄的建成区以及因城乡建设和发展需要，必须实行规划控制的区域。规划区的具体范围由有关人民政府在组织编制的城市总体规划、镇总体规划、乡规划和村庄规划中，根据城乡经济社会发展水平和统筹城乡发展的需要划定。

2.3.6　片区与街坊

片区：狭义的城市区域是指城市内按其功能(职能)划分的小区，通常由多个街坊组成。

街坊：城市中由街道包围的、面积比居住小区小的、供生活居住使用的地段。由支路等城市道路或用地边界线围合的住宅用地，是住宅建筑组合形成的居住基本单元；居住人口规模，1 000~3 000人，约300~1 000套住宅，并配建有便民服务设施。

(**提供整理**　徐水洋　张　萌　蒋希冀　杜　强；
审　　核　钱　玲　卢　永)

参考文献

[1] 中国共产党中央委员会，中华人民共和国国务院．“健康中国2030”规划纲要[R/OL]．[2016-10-25]．http://www.gov.cn/xinwen/2016-10/25/content_5124174.htm.

[2] 全国人民代表大会常务委员会．中华人民共和国城乡规划法(2019修正)[EB/OL]．[2019-04-23]．http://www.fdi.gov.cn/1800000121_23_74876_0_7.html.

[3] 全国人民代表大会常务委员会．中华人民共和国环境保护法．[EB/OL].[2014-04-25]. http://zwfw.mee.gov.cn/ecdomain/#/commonPage_4.

[4] Braveman P, Tarimo E, Creese A, et al. Equity in health and health care: a WHO / SIDA initiative [J]. Geneva Switzerland World Health Organization Division of Analysis Research & Assessment, 1996.

[5] 陈振明．公共政策学:政策分析的理论、方法和技术[M].北京:中国人民大学出版社,2004.

[6] 夏征农,陈至立．大辞海[M].上海:上海辞书出版社,2009.

[7] Eddy Van Doorslaer, Adam Wagstaff.Equity in the delivery of health care: Some imtermatiomal comparisons [J]. Journal of Health Economics, 11(4): 389-411.

[8] International Association for Impact (IAIA). Health Impact Assessment: International Best Practice Principles [R].Special Publication Series, 2006:(5).

[9] 中国健康教育中心．健康影响评价理论与实践研究[M].北京:中国环境出版集团,2019.

[10] 胡纹．居住区规划原理与设计方法[M].北京:中国建筑工业出版社,2010.

[11] Karen Lock, Mojca Gabrijelcic-Blenkus, Marco Martuzzi, et al. Health impact assessment of agriculture and food policies: lessons learnt from the Republic of Slovenia [R]. Bulletin of the World Health Organization, 2003, 81(6): 391-398.

[12] 李强,史玲玲．"社会影响评价"及其在我国的应用[J].学术界,2011,156(5):19-27.

[13] Whitehead, Margaret. The concepts and principles of equity and health [J].International Journal of Health Services, 1991, 22(3): 429-445.

[14] 马丁·伯利,著．健康影响评价理论与实践[M].徐鹤,李天威,王嘉炜,译．北京:中国环境出版社,2017.

[15] 马太玲,张江山．环境影响评价[M].武汉:华中科技大学出版社,2009.

[16] Public Health Advisory Committee. A Guide to Health Impact Assessment: A Policy Tool for New Zealand, 2nd edition [R]. Wellington. New Zealand: 2005: 28-76.

[17] Rajiv Bhatia. Health Impact Assessment: A Guide for Practice [R]. Oakland, CA: Human Impact Partners, 2011: 9-49.

[18] Roy a.Carr-Hill. Efficiency and equity implications of the health care reform [J]. Social science & medicine, 1991, 39(6): 1189-1120.

[19] Sally Macintyre.The Black report and beyond what are issues？ [J].Social science &medicine, 1997, 44(6): 723-745.

[20] Wolf CP. Social Impact Assessment: the state of the art [M]// Environmental Design Research Association, 1974: 15-16.

[21] World Health Organization (WHO). Constitution of WHO: principles [EB/OL]. (1948). http://www.who.int/about/mission/en/.

[22] World Health Organization (WHO). Declaration of Alma Ata. International Conference on Primary Health Care, Alma ATA, USSR. [EB/OL]. (1978). http://www.who.int/topics/primary_health_care/alma_ata_declaration/zh/.

[23] World Health Organization (WHO). Ottawa Charter for Health Promotion [EB/OL]. (1986). http://www.euro.who.int/en/publications/policy-documents/.

[24] World Health Organization (WHO). Health Impact Assessment: Main Concepts and Suggested Approach: The Gothenburg Consensus Paper [R]. Brussels: WHO Regional Office for Europe, 1999.

[25] World Health Organization (WHO). Social determinants of health: Health promotion conference builds momentum for Health in All Policies [EB/OL]. http://www.who.int/social_determinants/areas/global_initiative/8th_global_conference_health_promotion/en/.

[26] World Health Organization (WHO). Health Impact Assessment [EB/OL]. http://www.who.int/hia/en/.
[27] 星一，郭岩. 健康公平的研究进展[J]. 国外医学(医院管理分册)，1999，4：160-165.
[28] 中华人民共和国建设部. 关于培育发展工程总承包和工程项目管理企业的指导意见. 建市[2003]30号[S]. http://www.mohurd.gov.cn/wjfb/200611/t20061101_158614.html.

第二部分

政府部门公共政策健康影响评价操作手册

3　政府部门公共政策健康影响评价操作手册

本节所编公共政策(政策)健康影响评价操作手册，主要基于健康促进县区经验和湖北省宜昌市、浙江省杭州市、海南省琼海市等城市经验以及其他相关省市的探索总结整理，供各县(区)级政府建立健康影响评价机制，实施健康影响评价，制定有利于人群健康的公共政策(政策)使用。同时可为省、市级政府及跨区域政府部门合作开展健康影响评价工作提供参考。

3.1　本节所涉及的相关概念限定

3.1.1　公共政策

公共政策(或政策)包括法律法规、行政规定或命令、国家领导人口头或书面的指示、政府规划等。

本节所讨论的公共政策(或政策)，主要是指《"健康中国 2030"规划纲要》中提及的各项经济社会发展规划和政策。对于县(区)级而言，主要是指县(区)级经济社会发展总体规划和专项规划，以及为实现规划目标而制定的相关措施、办法、方法、条例等，尤其是涉及面较广、覆盖人群较多、有效时间较长、影响较大者。

对于县(区)级直接转发的上级政策、各部门单位内部管理制度等不列入本节讨论范围。

卫生健康类政策原则上不做独立的健康影响评价。

3.1.2　公共政策评价

根据评价在政策过程中所处的阶段，公共政策(或政策)评价可分为事前(预测性)评估、执行(过程)评估和事后(效果)评估。本节将讨论公共政策的事前评估，即在政策执行之前对政策未来预测或结果预测，包括对政策实施对象发展趋势的预测、政策可行性以及政策效果的预测评估。

根据政策影响领域，公共政策(或政策)评价可划分为经济影响评价、社会影响评价、环境影响评价、健康影响评价、健康公平影响评价等。本节将讨论公共政策的健康影响评价，即评价和判断公共政策对人群健康的潜在影响及影响在人群中的分布状况，从而作为决定政策变化(包括政策完善和制定新政策)的依据，实现健康与经济社会良性协调发展。

3.1.3 公共政策健康影响评价的实施步骤

根据世界卫生组织推荐，公共政策的健康影响评价包括筛选、范围界定、评估、报告和监测等5个关键技术环节。

本节结合中国实际情况，本着实用性和可行性原则，综合健康影响评价的实施管理流程和技术流程，提出实施健康影响评价的九个步骤，分别为：部门初筛、提交登记、组建专家组、筛选、分析评估、报告与建议、提交备案、评估结果使用和监测评估。其中部门初筛、(专家组)筛选、分析评估、报告与建议、监测评估为健康影响评价的技术环节，监测评估环节根据具体评估政策以及地方资源选择性进行。

3.2 公共政策健康影响评价的原则

县(区)级政府及部门在建立健康影响评价制度，实施公共政策健康影响评价时，应遵循以下原则：

(1) 党委领导、政府负责的原则：保障人民健康是各级党政部门的共同责任和重要使命。公共政策健康影响评价涉及的部门广、政策领域多，必须在同级党委和政府的领导下和制度约束下，才能规范化、制度化推进。

(2) 部门参与、协同配合的原则：政府各职能部门是公共政策的制订、颁布、推广和修订的主体，对政策的导向作用和社会效果负责。部门协同配合的积极性和申报评估的主动性是公共政策健康影响评价常态化的基础。鼓励社会化运作。

(3) 客观、公正、民主的原则：公共政策健康影响评价必须结合当地政治、经济、文化和人文环境等客观因素，在评价建议上要充分考虑可持续发展性和现实可行性，公开透明、科学严谨地利用不同学科和方法的最佳证据，同时要广泛征求利益相关部门和群体的意见并取得他们的认可。

3.3 公共政策健康影响评价的组织管理和保障

3.3.1 建立组织管理机制

县(区)级政府及部门要建立健康影响评价制度、实施公共政策健康影响评价，首先要建立组织管理机制。具体如下：

(1) 成立组织管理协调机构：各级党委和政府是建立健康影响评价制度、实施健康影响评价的责任主体。各部门及乡镇(街道)是健康影响评价的执行者。卫生健康部门为健康影响评价工作提供技术支撑。

加强各级党委和政府对健康影响评价工作的组织领导，成立由同级人民政府有关部门组成的健康(促进)委员会，作为本级政府的一个议事协调机构。在同级党委和政府领导下负责本行政区域内健康影响评价工作的组织领导、协调督办。

在组建健康(促进)委员会时，由本级党委、政府主要负责人担任委员会主任，分管领导担任副主任，以同级党委、政府办公室，发改、规划、财政、卫健、司法及经济社会发展规划、社会事务管理部门等为委员单位。

健康(促进)委员会下设办公室，为健康(促进)委员会的常设办事机构，挂靠同级卫生健康委(局)，由同级政府主管领导担任主任，卫生健康委(局)主任(局长)担任常务副主任，主持日常工作。主要职能和任务包括：①在本级健康(促进)委员会的领导下和上级健康(促进）委员会办公室的指导下，起草本级政府“将健康融入所有政策”策略实施办法、公共政策健康影响评价（审查）制度，提交政府通过并颁布；②制定健康（促进）委员会及其办公室相关工作规范和制度；③组织协调、监督检查和考核本辖区公共政策健康影响评价工作，确保各项制度和措施的落实。

健康（促进）委员会办公室应组织相关人员定期不定期深入到各政策制定相关部门中，全面了解其公共政策健康影响评价制度执行情况，收集各政策制定部门反映的意见和建议，指导辖区内公共政策健康影响评价的实施工作。办公室负责组织召开本辖区公共政策健康影响评价年度工作会议，总结工作的经验和不足，全面评价工作效果，部署下年度工作目标任务。

(2) 构建部门协同工作网络：在党委政府领导下，构建健康影响评价专门机构与各部门的协同工作网络，旨在落实目标任务和夯实工作责任，强化公共政策健康影响评价责任追纠机制，畅通健康（促进）委员会与部门间、部门与部门间的信息沟通、资源共享、政策咨询等渠道，从而推动公共政策健康影响评价制度的落实。

各部门要指定一名领导，负责本部门健康影响评价工作的协调和管理。指定专职工作人员，具体负责收集本部门公共政策起草、评价、颁布等环节的信息和评价申报工作；负责与健康（促进）委员会办公室对接，保障完成本部门健康影响评价工作。

(3) 组建健康影响评价专家委员会：组建独立的公共政策健康影响评价组织既是保证评价结论客观、公正的前提，也是政策评价体系趋于成熟的重要标志之一。

各级政府应当组建本级公共政策健康影响评价的专家队伍，即健康影响评价专家委员会。在健康（促进）委员会及其办公室的统一管理和调配下，承担本级政府及其组成部门的政策评价工作，完成健康（促进）委员会交办的任务，接受上一级专家委员会的业务指导，为本地健康影响评价工作提供技术支持。县（区）政府在组建本级健康影响评价专家委员会存在一定困难的情况下，建议共享地（市）级健康影响评价专家队伍。

公共政策健康影响评价是一项涉及多学科、多行业，集健康影响因素筛选、分析、预测和提供改进措施等为一体的综合性技术分析过程，具有高度的科学性和严谨性。健康影响评价专家委员会应由多学科的专业技术人员组成，专家来源按照“突出卫生健康，涵盖各行业部门技术领域”的原则和基于本地实际情况推荐遴选专家。专家委员会总人数以 20~30 人为宜，其中卫生健康领域专家要占到 25%~35%，涵盖卫生管理与政策、公共卫生、临床、康复等方向。专家成员中本地成员和外地成员的构成比例约为 3∶1。专家委员会成员名单由同级党委或政府正式行文公布。

健康影响评价专家委员会在组建后，需定期针对健康影响评价的内容和技术操作程序以及相关进展进行专门培训。

各级政府应充分发挥外部专家、专业咨询机构和技术支持部门的作用。可根据当地实际情况，与相关专业机构建立健康影响评价合作机制，选择有关科研院所、国家 / 省 / 地（市）级卫生健康机构和健康教育专业机构、专业技术团队或符合资质的民营评价机构作为健康影响评价的技术支撑，或委托其进行健康影响评价。

3.3.2　强化推进保障措施

(1) 制定和完善公共政策健康影响评价各项制度：各级党委政府要认识到公共政策健康影响评价对经济社会发展和提高全民健康水平的重要意义，完善公共政策健康评价相关制度，如公共政策健康影响评价实施办法、公共政策健康影响评价部门定期例会制度和公共政策健康影响评价工作绩效考核办法等，规定公共政策健康影响评价的主体、内容、标准、方式和程序等，明确各相关部门、评价主体机构的权利和职责，从而推进公共政策健康影响评价在本地的实施。

必要情况下，可出台实施公共政策健康影响评价的地方性法规，有效保障公共政策健康影响评价工作的严肃性和权威性。

健康（促进）委员会及其健康影响评价专家委员会要制定严格的工作规则，遵守国家有关法律法规，保守工作秘密。要及时主动向同级党委政府提供公共政策健康影响评价相关专业信息，汇报工作进展情况和工作成效。要邀请人大、政协组织视察监督，争取各方面的支持，加强本级公共政策健康影响评价工作的独立性、规范性，加快其制度化、常态化建设步伐。

（2）夯实健康影响评价实施的主体构成与职责

1）健康影响评价的责任主体是各级党委和政府。在党委政府的组织指导下，建立健康影响评价制度，保障健康影响评价工作的实施。

2）健康影响评价的管理主体是同级健康（促进）委员会及其办公室。职责为受理部门申请提交的公共政策的备案登记和确定是否开展评价，协助专家委员会实施评价活动。定期主持召开部门联席会议听取相关部门的工作汇报，研究解决公共政策评价制度运行过程中遇到的困难和存在的问题。定期向同级党委、人大和政府汇报工作。争取财政支持，负责经费保障等。

3）健康影响评价的实施主体是公共政策拟订和实施的部门。其职责为将健康融入拟制定的公共政策，负责在公共政策出台前，完成初筛工作；向本级健康（促进）委员会办公室申请开展健康影响评价；参照评价结果及意见，对公共政策进行修订和完善。

4）健康影响评价的技术支撑主体是同级健康影响评价专家委员会。其职责为受同级健康（促进）委员会及办公室的委托（指派），按照评价技术流程，对受理的公共政策进行健康影响评价，并完成评价报告。

专家应遵守国家有关法律法规和专家委员会工作规则，保守工作秘密；保障一定时间参加专家委员会的会议和公共政策健康影响评价专家咨询活动，完成专家委员会交办的任务。同时应掌握国内外公共政策健康影响评价理论与实践的发展动态及趋势，及时向专家委员会提供相关信息和工作建议。

健康（促进）委员会常设办公室每年至少召开一次专家委员会全体会议，必要时，可临时召集部分成员召开会议。因工作需要，可临时特邀在公共政策健康影响评价领域具有较高政策和理论水平的专家学者或实际工作者，参与专家委员会活动。

（3）建立健康影响评价监督机制和法律责任制度：各级健康（促进）委员会及其办公室，结合各自实际情况，在明确健康影响评价的管理主体、实施主体和责任主体及职能分工的基础上，逐步健全健康影响评价监督机制和法律责任制度。探索建立有效的公众参与健康影响评价机制，建立公众健康权益保障诉讼制度，让公众对政策实施可能造成的健康消极影响进行监督。

（4）加大财政对公共政策健康影响评价的经费投入：公共政策健康影响评价需要财政部门的资金保障，各级政府要将公共政策健康评价经费纳入本级财政预算，专款专用，足额拨付，确保公共政策健康影响评价工作所产生的交通费、差旅费、办公费、专家劳务费等各项费用支出。

(5) 必要时,建立地(市)级和县(区)级两级健康影响评价机制:县(区)级健康影响评价专家委员会负责本区域内公共政策的健康影响评价。地(市)级健康影响评价专家委员会除负责本级公共政策健康影响评价工作外,应对县(区)级进行业务指导,并受理县(区)级部门对本级健康影响评价结果和建议存在分歧"案例"的复(重)评。

3.4 健康影响评价的实施

健康影响评价的实施过程分为:部门初筛、提交登记、组建专家组、筛选、分析评估、报告与建议、提交备案、评估结果使用和监测评估九个阶段。其中(公共政策的)提交登记、组建专家组、(评估结果的)提交备案及评估结果使用属于健康影响评价的管理环节。部门初筛、(专家组)筛选、分析评估、报告与建议、监测评估为健康影响评价的技术环节,监测评估环节可以根据具体评估政策以及地方资源选择性进行。实施流程如图 3-1 所示。

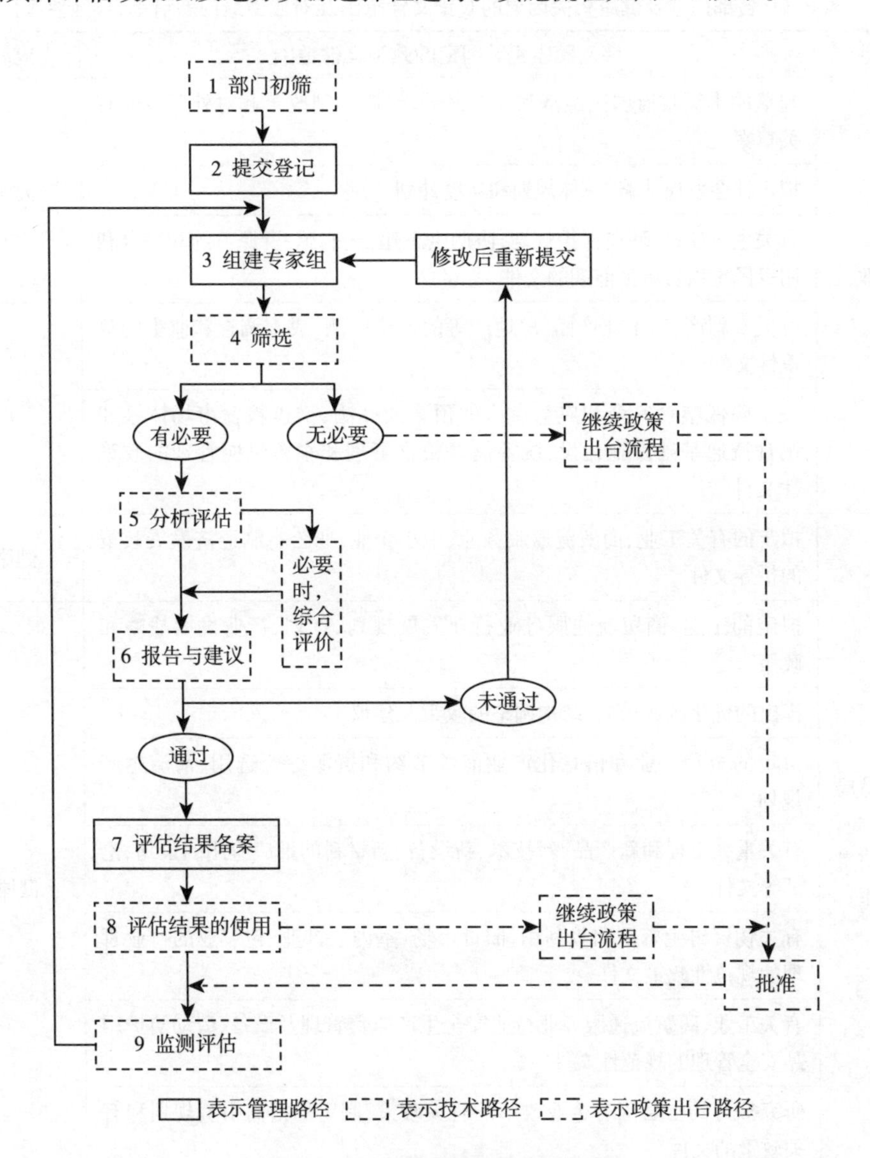

图 3-1 健康影响评价实施流程图

3.4.1 部门初筛

由政策起草部门健康影响评价专职工作人员协调政策起草专家共同完成。必要时,可通过本级健康(促进)委员会办公室协调相关领域专家参与。

通过部门初筛,可在众多部门拟订政策中,提取那些涉及健康领域的政策,提交进行进一步健康影响评价。

部门初筛可使用专家观点或小组讨论等方法进行,参考依据是各部门涉及健康相关因素的政策文件范围及对应健康问题清单(表 3-1 和表 3-2)。

如果所拟订政策在表 3-1 和表 3-2 所列的涉及健康相关因素的政策文件范围内,则需提交本级健康(促进)委员会办公室,提请开展健康影响评价。其他未涉及者,按照本部门政策制订程序继续进行。

表 3-1 各部门涉及健康相关因素的政策文件范围及对应健康问题清单(县区参考)

部门	涉及健康相关因素的政策文件范围	相应健康问题
发展和改革局	起草的本级政府国民经济和社会发展、经济体制改革和对外开放的有关草案	健康资源
	拟定社会发展战略、总体规划和年度计划	
	有关生态建设、环境保护规划,协调生态建设、能源、资源节约和综合利用等民生项目审批前期的文件	
	有关农副产品、工业产品、房地产等的价格监测、成本调查和监审的政策性文件	食品供应
	关于确保粮食安全和应急供应的预案或办法、推进粮食市场体系和粮食流通基础设施建设,统筹储备粮食管理和军粮供应管理的政策性文件	
经济贸易局(含商务局、工业和信息化局职能)	拟定的有关工业、商贸流通服务业、中小企业、非公有制经济发展政策的指导文件	健康政策
	拟定的工业、商贸流通服务业行业发展规划、计划、产业发展战略和政策	健康环境
	提出的优化产业布局、结构调整的政策及建议	
	拟定的全县工业和信息化产业能源节约和资源综合选用、清洁生产规划	
	有关重大工程和新产品、新技术、新设备、新材料的推广应用的策划、论证等文件	
	有关物资再生资源回收利用、旧货市场、室内装饰业、包装业的行业管理的规范性政策文件	
	有关工业、商贸流通服务业行业安全生产监督管理及设备、劳动防护用品安全管理的规范性文件	
	研究拟订的全县国有企业改革的有关政策;制定的招商引资规划和有关政策的文件	

续表

部门	涉及健康相关因素的政策文件范围	相应健康问题
教育科技体育局	拟订的全县教育改革与发展战略和规划及配套的相关政策、措施等规范性文件	健康政策
	制定的基础教育、素质教育、德育工作、体育卫生与艺术教育以及国防教育工作管理和指导文件	
	有关校园安全防范、综合治理和稳定工作的规范性文件	意外伤害
	关于学校疾病预防控制工作的措施、办法	疾病预防
	有关推动全民健身计划，开展群众性体育，实施国家锻炼标准，开展国民体质监测的文件	健康生活
	做好体育场馆、体育运动器械的管理和统筹使用的政策、措施	健康支持
	关于提高学生健康素养和身心素养有关的办法或措施	健康素养
	有关加强和改善学校卫生环境规范及制度性文件	健康环境
	有关健康领域科技投入、科研、适宜技术推广的方案、报告等文件	科研技术
民政局	起草的有关城乡居民最低生活保障和低保边缘户认定，困难群众临时救助，流浪乞讨人员救助、残疾人生活补贴，重度精神病人救治，孤儿和困境儿童救助、留守儿童、留守老人管理服务，残疾人、企业困难残疾职工合法权益保障等社会救助工作的规范性文件	社会救助
	有关开展慈善帮扶救助，组织开展社会组织公益创投项目，监督查处社团组织、民办非企业违法行为，农村敬老院建设等发展慈善事业的管理与指导性文件。养老补贴制度，养老服务从业人员管理等社会养老服务工作方面的政策性文件	社会服务
	编制的残疾人事业发展规划	健康政策
	拟定的有关维护残疾人权益、发展残疾人事业、实施残疾人康复的政策和工作规划、计划	健康政策
	制定的有关促进残疾人教育、就业、文化、体育、福利和无障碍设施建设等社会服务的政策及措施文件	社会服务
司法局	负责起草的司法行政方面的地方性法规、规章草案；编制的本级司法行政工作的发展规划及年度计划	社会环境 疾病防控
	组织、指导对刑满释放和解除劳动教养人员的安置帮教工作的规范性文件	
	有关人民调解工作、社区矫正工作和基层法律服务工作的政策性文件	
	关于提升保障在押服刑人员健康方面的办法或措施	
公安局	起草的有关反恐防暴及预防处置危害群众安全的重大群体闹事、骚乱事件、治安灾害事故等突发事件的公安行政管理预案、政策、措施	社会环境 意外伤害
	有关依法管理枪支弹药、管制刀具、易燃易爆、剧毒、放射性等危险物品的规范性文件	
	涉及到交通安全、交通秩序、交通事故处置的相关规范性文件	

续表

部门	涉及健康相关因素的政策文件范围	相应健康问题
公安局	有关提升犯罪嫌疑人和治安拘留人员羁押监管场所环境和健康管理水平的政策、措施及规划	社会环境 意外伤害
	加强流浪犬、烈性犬和宠物管理，防范人身伤害的有关文件	
财政局	制定的地方财政发展规划和年度预算	健康资源
	制定的职工待业保险基金和职工退休养老基金的财务管理制度	
	有关社会救灾、救济、医疗保险等社会保障资金使用的宏观调控和监督管理等制度性文件	
人力资源和社会保障局	负责起草的政府层面有关劳动和社会保障工作的规范性文件草案（前置健康评估）	社会保障
	拟定的有关贯彻落实城乡养老保险，女工、未成年工特殊劳动保护等相应的政策及实施办法草案	
	有关城乡社会保障体系、公共就业创业服务体系建设的政策、规划	
	有关完善工时制度、职工休假制度和维护劳动者权益的规范性文件	
	涉及企业职工基本养老、医疗、工伤、生育等保险水平和劳动保护等有关问题的政策文件	
	拟定的劳动和社会保障制度改革方案	
	关于将健康列入新职工干部培训内容和落实健康体检的规范性文件	
自然资源局	拟定的自然资源和国土空间规划等相关办法和实施细则，区域协调和城乡统筹的政策措施	健康环境
	编制的国土空间生态修复规划和实施有关生态修复重大工程、国土空间综合整治、土地整理复垦、矿山地质环境恢复治理等项目可行性论证文件	
	有关生态环境保护监督管理，城乡规划、自然资源开发规划的环境影响评价结果文件	
生态环境局	拟定的全县环境保护规划及生态文明建设和环境保护的制度	健康政策
	有关建立和完善突发环境事件的应急机制和应急预案	意外伤害
	拟定的环境功能区划、生态功能区划及重点区域、流域污染防治规划和饮用水水源地环境保护规划	健康环境
	拟定的有关主要污染物排放总量控制和核安全及辐射安全监督管理的实施办法等	意外伤害
	对经济和技术政策、发展规划以及经济开发规划、建设项目等环境影响评价的文件	

续表

部门	涉及健康相关因素的政策文件范围	相应健康问题
住房和城乡建设局(含城市管理局职能)	拟订的本级城镇化发展战略、中长期规划和编制的县域内城镇体系规划、县城总体规划、详细规划、专项规划以及工业园区规划和其他规划	健康环境(居住环境、生活环境)
	有关推进新型城镇化、城乡规划、城乡建设和城市管理的规范性文件	
	有关房屋建筑、市政工程和相关公用事业设施质量、安全监管的制度性文件	
	城镇污水、生活垃圾处理项目设施建设和运营管理的设计方案及管理文件	
	有关城乡绿化、城市路灯、灯饰、商业照明的规划和管理文件	
交通运输局	制定的全县交通发展和交通产业发展政策;编制的全县道路、水路、交通主枢纽发展的中长期规划	健康环境
	有关公路、水路行业安全生产和应急管理工作的指导性文件	
	有关加强客运交通工具及车站码头卫生环境建设和无烟环境建设的制度性文件	
	有关道路设计和施工中加强环境、健康保护,保障交通安全的规定	
农业农村局	拟订的全县农业和农村经济发展战略、中长期发展规划、政策等	健康环境(生态环境)
	有关农产品质量安全监测、农产品质量安全风险评估和质量追溯等提升农产品质量安全水平的政策文件	
	有关农药、兽药(渔药)、饲料、饲料添加剂和畜禽屠宰等农资市场秩序管理的规范性政策	
	有关秸秆等农村可再生能源综合开发与利用、农业农村节能减排、农业面源污染防治工作的指导性文件	
	关于农作物重大病虫害防治和重大动物疫病防控,加强人、畜、禽粪便和养殖业的废弃物无害化处理的政策性文件	
	农村环境卫生综合整治行动的实施方案及配套政策文件	
	关于提高畜禽产品产量和质量,加强人兽共患病防控的政策性文件	
	人兽共患疾病防控工作预案	
林业局	拟定的全县林业发展战略、中长期发展规划	健康环境(生态环境)
	有关野生动植物资源保护管理和合理开发利用的政策文件	
	有关森林病虫害防治、检疫和预测预报文件	疾病防控
水务局	拟定的全县水利发展规划和政策	健康环境(生态环境)
	编制的全县水资源战略规划及重要流域水利综合规划和防洪规划等重大水利规划	
	编制并实施的全县水资源保护规划和指导与推进节水型社会建设工作指导性文件	饮水安全
	有关河、湖、库及河口的治理、开发和保护及河湖水生态保护与修复的项目可行性论证文件	健康环境(生态环境)

续表

部门	涉及健康相关因素的政策文件范围	相应健康问题
水务局	有关实施农村安全饮水和自来水普及工作，实施贫困村安全饮水巩固提升工作和农村水利改革创新和社会化服务体系建设的文件	饮水安全
	关于加强涉水性地方病、寄生虫病预防控制工作的规范性文件	疾病预防
文化和旅游文物局	拟订的全县文化、旅游、文物、广播电视方面发展规划和政策措施	健康文化
	有关指导、推进全域旅游和文化、旅游、文物、广播电视重大项目和重点设施建设的规范性文件	
	有关公共文化事业发展、公共文化服务体系建设、文化旅游惠民工程及统筹推进基本公共文化服务标准化、均等化的政策性文件	
	关于加强旅游景点环境卫生、安全管理的规范性文件	意外伤害
	旅游景点紧急援助预案	
卫生健康局	拟订的卫生健康事业发展规划、政策措施，编制的卫生健康资源配置规划	健康政策
	拟订并组织实施的推进卫生健康基本公共服务均等化、普惠化、便捷化和服务主体多元化、方式多样化等政策措施	
	有关推进深化医药卫生体制改革，深化公立医院综合改革的建议及相关政策性文件	
	拟订的重大疾病防治规划以及严重危害人民健康公共卫生问题的干预措施和各类突发公共事件的医疗卫生救援预案	
	拟订的应对人口老龄化政策措施和推进老年健康服务体系建设和医养结合工作的政策及规范性文件	健康服务
	有关药品使用监测、临床综合评价和短缺药品预警，食品安全风险监测评估的制度性文件	
	有关开展爱国卫生运动的办法、制度、规划和措施等	
	有关职业卫生、放射卫生、环境卫生、学校卫生、公共场所卫生、饮用水卫生等公共卫生的监督管理和传染病防治卫生健康综合监督体系建设的政策文件	
	制定的有关医疗服务评价和监督管理体系建设的办法及实施方案	
	有关人口监测预警和计划生育管理与服务、家庭发展的相关政策文件	
	负责制订的中医药政策和发展规划	
应急管理局	拟订的应急管理、安全生产等政策规定	意外伤害
	组织编制的应急体系建设，安全生产和综合防灾减灾规划	
	编制的综合应急防灾减灾预案和安全生产类、自然灾害类专项预案	
	制定的应急物资储备和应急救援装备规划	

续表

部门	涉及健康相关因素的政策文件范围	相应健康问题
市场监督管理局	关于重大食品安全事故应急的预案、建立食品安全事故防范机制和措施等政府层面的规范性文件	食品安全
	关于加强食品安全监管，防范区域性系统性食品安全事故的实施办法等监管策略性文件	
	关于食品安全监督抽检和风险监测工作实施方案（办法）等有关检测评估的行业专项操作性文件	
	有关实施《食品生产加工小作坊食品流通摊贩餐饮服务摊贩及家庭集体宴席服务者备案管理办法》等规范化日常履职运行性文件	
	有关健康相关产品和服务监管、健康类知识产权保护和开发利用等本级政府地方性法规拟定文件（前置健康评估）	
	关于食品药品安全宣传和从业人员健康培训的制度及办法等制度性文件	
医保局	拟定的贯彻落实城乡居民基本医疗保险制度和大病保险制度和城乡统筹的多层次医疗保障体系的实施办法及监督管理的规范性文件	健康服务
	推进医疗、医保、医药“三医联动”改革，保障人民群众就医需求、减轻医药费用负担的政策性文件	
	有关提高医疗资源使用效率和医疗保障水平的指导性文件	
团委	制订的青少年事业发展规划和青少年工作方针、政策；有关维护青少年的利益和合法权益的文件	健康文化
	调查青少年思想动态和青少年工作情况，针对青少年工作理论和思想教育问题，提出的相应对策	
妇联	有关动员和组织妇女开展“双学双比”“巾帼建功”活动和实施“巾帼科技致富工程”“巾帼社区服务工程”“女性素质工程”“家庭文明工程”的指导性文件和推动政策与措施	健康文化
	制定的有关妇女儿童切身利益的规范性文件及提出的意见和建议等涉及维护妇女儿童的合法权益的政策性文件	
	拟定的教育、引导广大妇女树立自尊、自信、自立、自强的精神等宣传教育活动的指导性文件	

表 3-2　各部门涉及健康相关因素的政策文件范围及对应健康问题清单（地市参考）

部门	涉及健康相关因素的政策文件范围	相应健康问题
组织部	将健康城市建设工作推进情况纳入领导干部任期考核，并将大健康专题纳入领导干部培训课大纲	健康人群
宣传部	将公民健康素养纳入社会主义精神文明建设和提高公民文明素质的重要内容	健康文化
	将健康生活行为方式纳入文明城市活动规划	
关工委	加强青少年健康促进工作	健康人群
信访局	对健康相关信访议题进行专题分析和干预	健康人群
发展和改革委员会	加大对健康领域规划和投资的意见或办法	健康资源
	将健康促进与教育纳入经济和社会发展规划，加强健康促进与教育基础设施建设和目标考核管理	
	关于促进健康产业发展的举措	健康产业
经济和信息化局	关于加强工业节能降耗的方案或规定	健康环境
	推进企业健康促进工作	健康人群
教育局	关于提高学生健康素养和身心素养的办法或措施	健康素养
	关于加强和改善学校卫生环境，开展健康促进学校建设的方案及措施	健康环境
	关于学校疾病预防控制工作的规范性措施、办法	
民族宗教事务局	关于向宗教人士和信教群众传播健康理念和知识的措施及办法的编制与修订	健康文化
科学技术局	加大健康领域科学研究和产品研发立项投入	健康资源
公安局	关于加强维护社会治安，减少犯罪的方案或措施的编制与修订	社会环境 预防意外伤害
	关于加强交通程序管理，维护交通安全的方案或措施的编制与修订	
	关于加强消防安全维护人民生命财产安全的方案或措施的编制与修订	
民政局	关于加强社会救助水平的措施及办法的编制与修订	社会救助
	关于加强医疗救助的办法及措施的编制与修订	
	关于加强社区健康和养老服务建设的政策的编制与修订	社区服务
	关于支持扶持健康领域社会组织发展的政策及办法的编制与修订	
司法局	关于提高司法援助的有关工作	社会环境
	关于加强解决刑满释放和解除劳教人员社会安置帮教的工作	特殊人群
	关于保障因过失犯罪在押服刑人员健康的办法或措施的编制与修订	
财政局	健康城市治理重大项目、健康教育与健康促进项目、重点慢性病防治项目经费保障	健康资源

续表

部门	涉及健康相关因素的政策文件范围	相应健康问题
人力资源和社会保障局	城乡居民养老保险、失业保险、工伤保险等政策制度的编制与修订	社会保障
	劳动保障监察规范化管理制度的编制与修订	
	关于企业职工参加基本养老、工伤等保险水平有关问题政策的编制与修订	
	关于加强劳动保护有关事项的公共政策的编制与修订	
	将健康素养列入新职工干部培训内容	健康人群
规划和自然资源局	将健康元素融入城市国土空间规划，在城乡规划中科学规划公共卫生、医疗、体育健身、公共交通等功能区域	健康环境
	关于加强地质环境保护和地质灾害防治的办法或预案的编制与修订	
	加大对生态红线缓冲带商业用地管控	
生态环境局	关于预防、控制环境污染和环境健康影响评价政策和举措	生态环境 生存环境
	关于指导和协调解决跨地域、跨领域、跨部门的重大环境问题的办法或方案的编制与修订	
城乡建设委员会	关于开展和指导城乡环境综合治理的实施措施或方案的编制与修订	健康环境
	重大工程项目的健康影响评价	
	健康步道建设的规划	
	在建筑设计和施工过程中加强环境、健康保护	
园林文物局	关于加强园林绿化、绿地管理等制度性文件的编制与修订	健康环境
	古建筑保护、历史文化名城建设	
住房保障和房产管理局	关于保障性住房供给的政策性文件的编制与修订	社会公平 人居保障
交通运输局	关于发展公共交通，方便群众出行的文件编制与修订	健康环境
	关于加强交通工具及车站卫生环境建设和无烟环境建设的制度性文件的编制与修订	
	关于在道路设计和施工中加强环境、健康保护	
林业水利局	关于加强水源地保护，保障饮用水安全的措施或办法的规范性文件的编制与修订	供水安全
	关于加强农村安全饮用水管理的规定	
	关于加强植树造林，绿化环境的规范性文件	生态环境
	关于加强自然保护区建设管理的文件	

续表

部门	涉及健康相关因素的政策文件范围	相应健康问题
农业农村局	关于加强人、畜、禽粪便和养殖业的废弃物及其他农业废弃物综合利用	生态环境
	关于加强农药监督管理的政策性文件	
	关于推广有机肥和化肥结合使用,净化城乡环境的文件	
	关于提高农产品产量和质量及发展绿色有机农产品的政策性文件	食品安全
	关于提高畜禽产品产量和质量	
	人兽共患疾病防控工作预案的编制与修订	疾病防控
商务局	保障粮食供应安全	食品供应
	落实市场、商场、超市健康促进工作	健康人群
文化广电旅游局	关于加大健康政策和知识宣传力度,倡导建立健康文化氛围,保障健康类节目、栏目和公益广告播放的政策性文件的编制与修订	健康文化
	涉及医疗、保健、药物、健康管理类商业广告的播放前资质确认	
	关于加强旅游景点环境卫生整治、控烟管理的规范性文件的编制与修订	健康环境
	旅游景点紧急援助预案的编制与修订	预防意外伤害
	酒店宾馆健康促进工作	健康人群
卫生健康委员会	关于深化医药卫生体制改革的规范性文件的编制与修订	卫生服务体制
	落实国家基本公共卫生服务项目、提升健康促进与健康教育技术水平	公共卫生
	降低人均就诊费用、控制人均抗生素使用强度、提高服务质量	医疗服务
	突发公共卫生事件应急预案的编制与修订	预防意外伤害
	关于加强职业卫生防护和管理,保障职业健康的政策性文件的编制与修订	职业健康
应急管理局	关于提高安全生产水平,防范安全事故的规范性文件的编制与修订	健康环境
	安全生产事故应急预案的编制与修订	预防意外伤害
审计局	加强对医疗保障资金、医院成本核算、各类社会救助资金和福利资金规范使用的审计	健康资源
国有资产监督管理委员会	落实国有企业健康促进工作	健康人群
市场监督管理局	重大食品安全事故应急预案的编制与修订	食品安全
	食品安全监督抽检和风险监测工作实施方案的编制与修订	

续表

部门	涉及健康相关因素的政策文件范围	相应健康问题
市场监督管理局	食品生产加工小作坊、食品流通摊贩、餐饮服务摊贩及家庭集体宴席服务者备案管理的编制与修订	食品安全
	小餐饮许可审查管理办法的编制与修订	
	关于加强食品安全监管,防范区域性系统性食品安全事故的实施方案的编制与修订	
	关于健康相关产品和服务监管办法的编制与修订	健康资源
	关于健康类知识产权保护办法的编制与修订	
	关于食品药品安全宣传和从业人员健康培训的制度及办法的编制与修订	健康环境
	关于特种设备运营维护管理的有关办法的编制与修订	
	涉及医疗、药物、保健、健康管理类的商业广告审批许可管理	健康文化
	关于涉及医疗、药物、保健、健康管理等商业机构(如药店、诊所、养生馆、健康管理公司等机构)工商注册的资质审查管理办法的编制与修订	健康环境
统计局	将健康城市建设群众满意度调查纳入常规调查范畴	健康信息
体育局	关于加强科学健身指导服务的规定或办法	健康人群
	关于加强公共体育场地设施建设,推动全民体育健身活动的文件	健康环境
	关于开展体育健身知识科普宣传活动的办法及措施	健康文化
医疗保障局	关于企业职工参加医疗、生育等保险水平有关问题的政策的编制与修订	社会保障
	关于医保基金使用的有关问题	
城市管理局	市容市貌综合管理	健康环境
	城乡垃圾处理	
	关于加强城乡卫生规划和供水建设与管理、污水排放与处理的文件	
机关事务局	机关健康促进工作	健康人群
数据资源局	支持健康相关大数据与城市大脑平台的对接和应用	健康信息
市委党校	将健康城市建设大健康专题纳入日常培训课纲	健康人群
总工会	关于将健康促进与健康教育、健康管理纳入各级工会工作之中	健康人群
	倡议广大职工积极参与健康城市、健康企业建设	
团委	将健康促进与健康教育、爱国卫生纳入各级团组织工作	健康人群
	倡议广大青年、学生积极参与健康城市、健康促进学校建设	
妇联	将健康促进与健康教育纳入各级妇联组织工作	健康人群
	开展健康家庭培育,倡议广大妇女积极参与健康家庭建设	

3.4.2 提交登记

由政策起草部门健康影响评价专职工作人员，根据部门初筛结果，对于需要提请健康影响评价的拟订政策，填写公共政策健康影响评价备案登记表（表 3-3），提交本级健康（促进）委员会办公室受理。健康（促进）委员会办公室予以登记受理并签字。

其目的在于掌握各部门拟订政策的数量和方向，同时引导各部门具有健康影响评价的理念，在拟订政策之初纳入健康影响考虑。

表 3-3 公共政策健康影响评价备案登记表

<table>
<tr><td colspan="2">起草（提交）部门</td><td></td><td>提交人</td><td colspan="2"></td><td>电话</td><td></td></tr>
<tr><td colspan="2">受理 / 备案部门</td><td></td><td>受理 / 备案人</td><td colspan="2"></td><td>电话</td><td></td></tr>
<tr><td colspan="2">受理 / 备案日期</td><td></td><td colspan="3">评价完成时限</td><td colspan="2"></td></tr>
<tr><td colspan="2">政策 / 项目名称</td><td colspan="6"></td></tr>
<tr><td colspan="2">对应健康问题</td><td colspan="6"></td></tr>
<tr><td colspan="2" rowspan="2">是否做过其他有关评价（√）及内容</td><td colspan="6">是否做过？ 是□ 否□</td></tr>
<tr><td colspan="6">评价内容：</td></tr>
<tr><td colspan="2">部门初筛结果</td><td colspan="6">（即涉及哪些健康问题，需要提请开展健康影响评价）：</td></tr>
<tr><td rowspan="8">提交相关资料清单</td><td>序号</td><td colspan="3">文件名称</td><td colspan="2">份数</td><td>备注</td></tr>
<tr><td>1</td><td colspan="3"></td><td colspan="2"></td><td></td></tr>
<tr><td>2</td><td colspan="3"></td><td colspan="2"></td><td></td></tr>
<tr><td>3</td><td colspan="3"></td><td colspan="2"></td><td></td></tr>
<tr><td></td><td colspan="3"></td><td colspan="2"></td><td></td></tr>
<tr><td></td><td colspan="3"></td><td colspan="2"></td><td></td></tr>
<tr><td></td><td colspan="3"></td><td colspan="2"></td><td></td></tr>
<tr><td></td><td colspan="3"></td><td colspan="2"></td><td></td></tr>
<tr><td>备案说明</td><td colspan="7">1. 提交方对提交的相关资料的真实性负责。
2. …</td></tr>
</table>

3.4.3 组建专家组

健康（促进）委员会办公室受理各部门提交的拟订政策草案后，根据拟订政策的领域，从健康影响评价专家委员会中遴选相关领域专家，组建健康影响评价专家组。由专家组按照健康影响评价技术流程完成后续评估工作。专家组在开展评估工作之前，应熟悉健康影响评价技术流程以及健康决定因素清单（表 3-4）。

表 3-4　健康决定因素清单（示例）

分类	种类	说明
环境因素	空气质量	空气质量的好坏反映了空气污染程度，它是依据空气中污染物浓度的高低来判断的。空气质量指数（AQI）是定量描述空气质量状况的指数，由各项污染物的空气质量分指数（IAQI）中的最大值来决定，各项污染物的 IAQI 是由其浓度和相关标准根据公式计算得出，污染物包括二氧化硫、二氧化氮、一氧化碳、臭氧、粒径≤10μm 的颗粒物（PM10）和粒径≤2.5μm 的颗粒物（PM2.5），当 AQI>50 时对应的污染物为首要污染物
	水质量	水体的物理（如色度、浊度、臭味等）、化学（无机物和有机物的含量）和生物（细菌、微生物、浮游生物、底栖生物）的特性及其组成的状况。水质为评价水体质量的状况，规定了一系列水质参数和水质标准。如生活饮用水、工业用水和渔业用水等水质标准
	土壤质量	国际上比较通用的是土壤在生态系统中保持生物的生产力、维持环境质量、促进动植物健康的能力
	噪声	噪声是一类引起人烦躁或音量过强而危害人体健康的声音。从环境保护的角度看：凡是妨碍到人们正常休息、学习和工作的声音，以及对人们要听的声音产生干扰的声音，都属于噪声
	废物处理	包括医疗废弃物处理、生活废弃物处理、工业废弃物处理、农业废弃物处理和危险废弃物处理等
	气候变化	是指气候平均状态统计学意义上的巨大改变或者持续较长一段时间（典型的为 30 年或更长）的气候变动。气候变化不但包括平均值的变化，也包括变率的变化
	能源的清洁性	主要针对能源勘探开发、生产、加工转换和消费各环节所带来的环境问题，分析能源开发和利用的粗放程度以及能源消费给生态环境和碳排放带来的负面影响
	食物原材料供应及其安全性	制作食物时所需要使用的原料供应充足且安全
	食品生产、加工和运输	食品生产、加工和运输能力水平和安全保障
	病媒生物	指能直接或间接传播疾病（一般指人类疾病），危害、威胁人类健康的生物
	绿化环境	绿化栽种植物以改善环境的活动。绿化指的是栽植防护林、路旁树木、农作物以及居民区和公园内的各种植物等。绿化包括国土绿化、城市绿化、四旁绿化和道路绿化等。绿化可改善环境卫生并在维持生态平衡方面起多种作用

续表

分类	种类	说明
环境因素	工作、生活和学习微观环境	公众工作、生活和学习微观环境质量，包括热环境、空气质量和噪声水平等方面
	自然灾害	自然灾害是指以自然变异为主要因素造成的，危害人类生命健康、财产、社会功能以及资源、环境，且超出受影响者利用自身资源进行应对和处置能力的事件或现象。按灾害的性质将自然灾害分为七大类：气象灾害、海洋灾害、水旱灾害、地质灾害、地震灾害、生物灾害和森林草原火灾
	交通安全性	交通系统本身的运行安全水平，交通安全是社会稳定的重要方面，也是群众关心的重要民生问题，也是道路交通管理的两项基本任务之一。我国常用交通事故次数、死亡人数、受伤人数和直接财产损失 4 项基本指标来描述
	生物多样性	生物及其环境形成的生态复合体以及与此相关的各种生态过程的综合，包括动物、植物、微生物和它们所拥有的基因以及它们与其生存环境形成的复杂的生态系统
	文化娱乐休闲场所和设施	文化休闲娱乐业是以大众娱乐消费需求为市场，通过现代科技手段和流通服务平台，将具有娱乐属性的图形、文字、音符等文化符号转化为各类文化、娱乐产品和服务活动，以及与这些服务活动有关联的行业总称。文化休闲娱乐场所和设施不仅包括一些传统的文化产业部门（如剧院等），还包括一些新型的文化创意产业（如咖啡馆等）和设备（器材）
	健身场地和设施	指在各级人民政府或者社会力量建设和举办的，向公众开放用于开展体育健身活动的体育健身场（馆）、中心、场地、设备（器材）等
	基础卫生设施	指公共场所所包含的基本卫生设施，如餐厅基本卫生设施有洗消间、员工更衣间、卫生间、食品冷藏冰箱等
个体 / 行为危险因素	饮食	不健康的饮食是慢性病的主要高危因素。健康饮食五大要点：婴儿满 6 个月前，提倡只用母乳喂养；食物多样化；多吃蔬菜和水果；食用脂肪和油要适量；少吃盐和糖
	身体活动 / 静坐生活方式	身体活动系指由骨骼肌肉产生的需要消耗能量的任何身体动作。身体不活动（缺乏身体活动）被认为是全球第四大死亡风险因素（占全球死亡人数的 6%）。静坐生活方式是指在工作、家务、交通行程期间或休闲时间内，不进行任何体力活动或仅有非常少的体力活动
	出行方式	是指居民出行所采用的方法或使用的交通工具。居民出行重要特征之一
	吸烟	是不健康的行为。吸烟有危害，不仅仅危害人体健康，还会对社会产生不良的影响。可以从吸烟史（现在吸烟、既往吸烟、被动吸烟）、烟龄和戒烟（戒烟多久了、戒烟主要原因）等方面描述
	饮酒	饮酒对健康无益，过量饮酒可导致消化、心脑血管和神经等系统的损伤，并与多种疾病存在因果关系，其造成的残疾和死亡不亚于吸烟和高血压。可以从频率、饮酒量和种类等方面描述

续表

分类	种类	说明
个体 / 行为危险因素	毒品及药物滥用	毒品是指鸦片、海洛因、甲基苯丙胺(冰毒)、吗啡、大麻、可卡因,以及国家规定管制的其他能够使人成瘾的麻醉药品和精神药品;药物滥用是指出于非医疗目的而反复连续使用(滥用)能够产生依赖性的药品。毒品及药物滥用除了形成依赖性外,还会严重影响滥用者的身心健康,主要可引起神经系统损害、个性改变,导致心血管系统疾病、肺水肿、腹痛、精神异常,甚至死亡。毒品及药物滥用不仅是一个医学问题,更会带来一系列的社会问题
	休闲娱乐活动	大众休闲娱乐的消费需求活动
	不安全性行为	包括卖淫嫖娼、无金钱交易的非婚性行为和夫妻中一方已感染 HIV 或性病情况下发生的无保护性夫妻性行为
	生活技能(含避险行为)	世界卫生组织将生活技能定义为:一个人的心理社会能力,即一个人有效地处理日常生活中各种需要和挑战的能力,是个体保持良好心态,并且在与他人、社会和环境的相互关系中,表现出适应和积极的行为能力。包括自我认识能力和同理能力、有效的交流能力和人际关系能力、处理情绪问题能力和缓解压力能力、创造性思维能力和批判性思维能力、决策能力和解决问题能力、避险行为
	世界观、人生观和价值观	世界观,也叫宇宙观,是哲学的朴素形态。世界观是人们对整个世界的总的看法和根本观点。由于人们的社会地位不同,观察问题的角度不同,形成不同的世界观。人生观是指对人生的看法,也就是对于人类生存的目的、价值和意义的看法。人生观是由世界观决定的。人生观是一定社会或阶级的意识形态,是一定社会历史条件和社会关系的产物。价值观是指人们在认识各种具体事物的价值的基础上,形成的对事物价值的总的看法和根本观点。一方面表现为价值取向、价值追求,凝结为一定的价值目标
	健康理念和意识	是指机体对自身正常功能和心理状态的信念和认识
	压力	压力是心理压力源和心理压力反应共同构成的一种认知和行为体验过程。通俗地讲,压力就是一个人觉得自己无法应对环境要求时产生的负性感受和消极信念
	自尊 / 自信	自尊是个体在社会实践过程中所获得的对自我积极的情感性体验,由自我效能或自我胜任和自我悦纳或自爱两部分构成。自信是指个体对自身成功应付特定情境的能力的估价
公共服务的可及性、公平性和质量	教育	公共服务,是 21 世纪公共行政和政府改革的核心理念,包括加强城乡公共设施建设,发展教育、科技、文化、卫生、体育等公共事业,为社会公众参与社会经济、政治、文化活动等提供保障。公共服务以合作为基础,包括加强城乡公共设施建设,强调政府的服务性,强调公民的权利
	社会保障	
	医疗卫生服务	
	养老服务	
	残疾人服务	
	社会救助	

续表

分类	种类	说明
公共服务的可及性、公平性和质量	幼儿托管服务 食品零售 交通运输 文化娱乐休闲服务 治安/安全保障和应急响应 能源可及性	公共服务，是21世纪公共行政和政府改革的核心理念，包括加强城乡公共设施建设，发展教育、科技、文化、卫生、体育等公共事业，为社会公众参与社会经济、政治、文化活动等提供保障。公共服务以合作为基础，包括加强城乡公共设施建设，强调政府的服务性，强调公民的权利
家庭和社区	相互支持	是以血缘为基础，家庭成员通过语言或行动对家人进行关怀，提供家庭成员需要的服务、情感、信息等支持的一种社会支持
	孤立	社会孤立不仅表现在“结构性社会支持”参与度的下降，而且也体现在“功能性社会支持”方面。所谓结构性社会支持是关于社会支持规模与频度的客观评价；而功能性社会支持是一种对于社会支持质量的主观判断，即对他人提供的情感、工具和信息支持的感知反应。基于这样的定义，社会孤立是一种多维度概念，多形成于质量与数量上的社会支持缺失
	家庭结构和家庭关系	家庭结构是家庭中成员的构成及其相互作用、相互影响的状态，以及由这种状态形成的相对稳定的联系模式。家庭关系亦称家庭人际关系。家庭成员之间固有的特定关系。表现为不同家庭成员之间的不同联系方式和互助方式，是联结家庭成员之间的纽带。它的特点是以婚姻和血缘为主体，并由有婚姻和血缘关系的人生活在一起构成，表现为组成家庭的各成员之间特殊的相互行为。以代际关系为层次，以家庭同代人的多少为幅度，构成家庭中几代人或同代人之间的传递和交往
	志愿团体的参与	指志愿团体组织参与扶弱济困类、便民利民类、就业指导服务类、治安维稳类和环境保洁服务类的活动等
	文化风俗、传统习俗	泛指一个国家、民族、地区中集居的民众所创造、共享、传承的风俗文化生活习惯。是在普通人民群众的生产生活过程中所形成的一系列非物质的东西
	犯罪和暴力	犯罪是指触犯法律而构成罪行。做出违反法律的应受刑法处罚的行为。暴力是指不同的团体或个人之间，如不能用和平方法协调彼此的利益时，常会用强制手段以达到自己的目的
	歧视	是一种违背正义原则的、不正当的区别对待，指某些人以优越群体成员的身份，不平等地对待另一群体成员的行为
就业	就业和工作保障	就业的含义是指在法定年龄内的有劳动能力和劳动愿望的人们所从事的为获取报酬或经营收入进行的活动。就业工作保障是指国家为了保障公民实现劳动权所采取的创造就业条件、扩大就业机会的各种措施的总称

续表

分类	种类	说明
就业	收入和福利	工资性收入指就业人员通过各种途径得到的全部劳动报酬，包括所从事的主要职业的工资以及从事第二职业、其他兼职和零星劳动得到的其他劳动收入。福利是员工的间接报酬。一般包括健康保险、带薪假期、过节礼物或退休金等形式
	职业危害因素	是指生产工作过程及其环境中产生和 / 或存在的，对职业人群的健康、安全和作业能力可能造成不良影响的一切要素或条件的总称。按其来源可分为以下三类：生产工艺过程中的有害因素、劳动过程中的有害因素和生产环境中的有害因素
	职业防护和健康管理	根据需要防护的职业危害来确定设置工程防护措施、个体防护措施、职业健康监护措施、工作环境监护措施和管理措施等
住房	住房供给、价格以及可及性	住房供给是指由市场向住房投资者和住房消费者提供其所需的住房存量与住房服务流量的过程。住房价格即是指住房连同其占用土地的价格，即房价：土地价格 + 建筑物价格。住房可及性指住房可负担性，可以用房价收入比、住房可负担性指数、月供收入比、月供消费结余等指标来衡量
	房屋大小和拥挤程度	房屋大小与居住的人口比例要合适，房子小，人口多，就会有拥挤和燥热的感觉。可用人均住房使用面积测量拥挤程度
	住房安全	从房屋地基基础、主体承重结构、围护结构的危险程度，结合环境影响以及发展趋势，经安全性鉴定和评估

注：①健康决定因素可以直接或间接地对健康造成影响。健康决定因素是多种多样的，包括生物因素、个人 / 行为因素、社会和文化因素、经济因素、环境因素和以人口为基础的服务的获取和质量等；②健康影响评价关注的是可以被改变的健康决定因素。本表对年龄、性别和遗传等生物学因素未做考虑，主要关注环境因素、个体 / 行为危险因素，公共服务的可及性、公平性和质量，家庭和社区、就业和住房等因素；③本表给出公共政策所涉及的主要领域和主要健康决定因素的示例。各地在实际运用中，可以从此表出发，确定适用于拟订政策的相关决定因素清单。

为充分发挥专家领域和学科优势，保证健康影响评价结果的客观公正科学，可采用"(2+X)模式"来组建专家组，其中"2"为卫生健康领域和法律法规领域专家，"X"为根据拟订政策的领域，所选择的其他学科专业的专家。专家组人数以"奇数"定员，原则上不少于5人，根据实际情况确定。

必要的情况下，选择可能受拟订政策影响的人群代表参加阶段性的讨论。

3.4.4　筛选

为了确保有限资源（资金、工作人员和组织时间）的有效利用、确保针对可能影响健康的政策开展健康影响评价工作，通过筛选这一步骤来确定是否有必要对拟订政策实施健康影响评价。并非每一项拟订政策提案都需要进行评价。

健康影响评价专家组和可能受拟订政策影响的人群代表，参考健康决定因素清单（表3-4），对照筛选清单（表3-5）条目，对拟订政策是否对健康产生影响、影响范围、影响严重程度以及拟订政策是否为社会关注焦点等方面进行前瞻性判断，确定开展健康影响评价的必要性。

表 3-5 公共政策健康影响评价筛选清单

问题	回答		
	是	不知道	否
1. 该政策是否可能对健康产生消极影响			
2. 该政策是否可能对健康产生积极影响			
3. 潜在的消极或积极健康影响是否会波及到很多人(包括目前和将来)			
4. 潜在消极健康影响是否会造成死亡、伤残或入院风险			
5. 对于残疾人群、流动人口、贫困人口等弱势群体而言,潜在的消极健康影响是否会对其造成更为严重的后果			
6. 该政策对经济社会发展有较大影响			
7. 该政策对公众的利益有较大影响			
8. 该政策是否会成为公众或社会关注的焦点			
是否进行健康影响评价 □是 □否			

填表说明:①表 3-5 用于确定是否有必要进行健康影响评价;②参与筛选的所有专家及群众代表,按照各自的分析和观点,针对每一个问题,从“是”“不知道”“否”中勾选,并通过对所有问题的综合考虑,讨论决定是否有必要进行健康影响评价;③消极健康影响是指阻碍一个人在身体、精神和社会等方面达到良好的状态。

筛选的结论可有两种:①没有必要实施健康影响评价。此种情况下,完成筛选意见汇总表(表 3-6)并提交备案,反馈政策拟订部门,按照政策制订既定流程继续;②有必要实施健康影响评价。完成筛选意见汇总表(表 3-6),进入下一步:分析评估。

表 3-6 公共政策健康影响评价筛选意见汇总表

<table>
<tr><td colspan="2">起草部门</td><td colspan="4"></td></tr>
<tr><td colspan="2">政策名称</td><td colspan="4"></td></tr>
<tr><td colspan="2">筛选日期</td><td colspan="4"></td></tr>
<tr><td colspan="2">筛选方法</td><td colspan="4"></td></tr>
<tr><td colspan="6">评价专家组筛选结果:</td></tr>
<tr><td colspan="6">专家组组长审定意见:
签字: 日期:</td></tr>
<tr><td colspan="6">参与评议专家及成员签字:
日期:</td></tr>
<tr><td colspan="6">投票结果统计</td></tr>
<tr><td rowspan="2">参与人数</td><td colspan="3">投票结果</td><td colspan="2" rowspan="2">结论:是否开展健康影响评价
( )</td></tr>
<tr><td>同意</td><td>反对</td><td>弃权</td></tr>
<tr><td></td><td></td><td></td><td></td><td>□是</td><td>□否</td></tr>
</table>

筛选通常以小组会议形式进行。参与筛选的专家和公众代表一起，推选评议组组长，并结合现有的相关文献资料，针对每一个问题勾选并讨论形成一致意见。在条件允许的情况下，可以通过对拟订政策所涉及区域、机构和人群的现场调研或公众意见调查，获取第一手资料进行更加深入的综合分析。

筛选也可以采用专家咨（函）询形式进行。此时需要参与筛选专家根据所提供资料，分别填写筛选清单，由本次健康影响评价组织协调人员进行汇总和反馈。

3.4.5　分析评估

通过分析评估，确定拟订政策所涉及的健康决定因素，预估其可能产生的健康影响，并提出政策优化建议。

健康影响评价专家组结合政策制订背景、拟订政策相关资料以及可能涉及人群的现状资料，对政策条款进行逐条阅读，参考健康决定因素清单（表 3-4），识别拟订政策涉及到的健康决定因素，预估和描述拟订政策所产生的健康影响，从维护和促进人群健康的角度提出修改建议。

分析评估过程采用先单独作业、再集中讨论的形式进行；也可以采用集中讨论形式完成全过程。

在此依据前一种形式，细分具体步骤如下：

(1) 梳理政策条款，识别健康决定因素：健康影响评价专家组专家结合健康决定因素清单（表 3-4），对政策条款进行逐条阅读，判定各条款所对应的健康决定因素，填入表 3-7（个人意见）第 2 列。此步为专家单独作业。

表 3-4 给出了公共政策所涉及的主要领域和可改变的主要健康决定因素示例。各地在实际运用中，可以从此表出发，确定适用于拟订政策的健康决定因素清单。

(2) 预估健康决定因素所产生的潜在健康影响：健康评价专家组专家根据所识别的健康决定因素清单，基于所提供资料，预估和描述该因素所可能造成的健康影响，包括受影响人群（含弱势群体）的特征、影响范围及严重程度等信息，结果填入表 3-7（个人意见）第 3~4 列。此步为专家单独作业。

(3) 拟订修改建议（理由）：健康评价专家组专家结合政策条款对应的健康决定因素和潜在的健康影响，对拟修改的政策条款，提出修改建议，填入表 3-7（个人意见）第 5 列。此步为专家单独作业。

(4) 汇总并形成专家组对拟订政策的修改建议：此步为集中讨论形式。健康影响评价专家组组长对各专家意见进行汇总，并引导专家组进一步对表 3-7 所涉及内容进行集中梳理和讨论，对拟订政策的健康影响评价结果，形成专家组意见，填入表 3-7（专家组意见）。

(5) 综合评价：在完成公共政策健康影响评价分析评估表（表 3-7）基础上，如果拟订政策对健康潜在影响重大或健康影响评价专家组难以达成一致意见，且经费和时间充裕的情况下，健康影响评价专家组可以进一步选择适宜的评估方法和工具，收集相关证据，进行综合评价，进一步明确潜在健康风险和收益水平的相对重要性，确定健康决定因素的依据，预测拟订政策对健康的消极 / 积极影响及特征、具体受到影响的人群和产生意想不到的后果发生的可能性。

必要情况下，可以寻求本地或更高层面的专业机构以及有关科研院所、专业技术团队的技术指导和合作。

表 3-7 公共政策健康影响评价分析评估表

（个人意见 / 专家组意见）

<table>
<tr><th rowspan="2">政策条款</th><th rowspan="2">对应的健康决定因素</th><th colspan="2">潜在的健康影响</th><th rowspan="2">提出的政策修改建议（理由）</th></tr>
<tr><th>积极 / 消极</th><th>影响的描述</th></tr>
<tr><td rowspan="2">例：
关于“生态修复”条款</td><td rowspan="2">环境：自然生态</td><td>积极影响</td><td>景观绿化，抑制扬尘，清洁空气，有利于居民健康</td><td>加强监测和综合防制</td></tr>
<tr><td>消极影响</td><td>有可能影响生态微环境，带来微生物、蚊蝇等的孳生，增加传染性疾病发生风险</td><td>环境工程设计中，建议在绿化植物选种上多植驱蚊性植物</td></tr>
<tr><td>例：暂无</td><td></td><td colspan="2"></td><td>增加…</td></tr>
<tr><td></td><td></td><td colspan="2"></td><td></td></tr>
<tr><td></td><td></td><td colspan="2"></td><td></td></tr>
<tr><td></td><td></td><td colspan="2"></td><td></td></tr>
<tr><td></td><td></td><td colspan="2"></td><td></td></tr>
</table>

填表说明：①表 3-7 用于专家逐条梳理政策条款对应的健康决定因素、描述潜在健康影响和提出修改建议；②参与筛选的所有专家，对照表 3-4 健康决定因素清单，利用所提供资料，进行综合考虑，并填写表 3-7（个人意见）；③专家组组长对各专家意见进行汇总，并引导专家组进一步对表中所涉及内容进行集中梳理和讨论，对拟订政策的健康影响评价结果，形成专家组意见，作为形成健康影响评价报告的依据，填写表 3-7（专家组意见）；④如果全程采用集中讨论形式完成分析评估，则只需完成表 3-7（专家组意见）填写。

健康影响评价常用的分析评估方法，见表 3-8。本章“3.5 健康影响评价常用分析评估办法简要介绍”部分，结合健康影响评价的特点，对这些方法做了简要介绍。一旦选择确定具体的评估方法，专家组则需要按照所选择方法的操作流程进行资料的收集、分析和得出结论。

表 3-8 健康影响评价常用的分析评估方法（参考）

<table>
<tr><th>分类</th><th>具体评估方法</th></tr>
<tr><td>定性评估</td><td>专家观点；专题小组访谈；利益相关者研讨会；关键知情人访谈；公众听证会；头脑风暴法；德尔菲法；情景评估</td></tr>
<tr><td rowspan="3">现有资料的定量评估</td><td>系统的文献回顾</td></tr>
<tr><td>现有人口统计和健康数据（如人口普查、调查数据，监管项目和机构报告等）</td></tr>
<tr><td>绘制人口统计、健康状况统计或环境测量结果分布图</td></tr>
<tr><td rowspan="2">调查测量</td><td>环境测量措施：
①评估有害性物质。空气、土壤和水里的有害物质 / 污染物；噪声；放射性或危险环境如洪水、火灾、滑坡或伤害风险。
②评估公共健康资产和资源。水体、土地、农场、森林和基础公共建设设施、学校和公园等</td></tr>
<tr><td>实证研究，尤其是流行病学研究（调查；成本效益分析；测评）：描述健康决定因素和健康结局之间的关联；必要时，量化关联的强度</td></tr>
</table>

3.4.6　报告与建议

在完成对拟订政策的健康影响评价后，专家组需要撰写报告与建议，并提交健康（促进）委员会办公室。

一份完整的健康影响评价报告至少包括：健康影响评价的背景；健康影响评价过程（按照健康影响评价的步骤和技术流程进行描述）；健康影响评价涉及到的人员、组织和资源；对健康影响评价过程中的合作和参与程度的评估；对该政策健康影响的预估；健康影响评价的结论；提出最大程度加强积极影响和减弱消极影响至最小化的建议。

健康影响评价的建议可根据拟订政策起草、修订、执行等不同阶段提出具体建议。提出的建议应充分考虑到建议的适宜性和可行性。

大多数情况下，为了与拟订政策的时限性和政策拟订进程保持一致，健康影响评价专家组可提交一份简化版的健康影响评价意见反馈及备案表（表 3-9），主要包括原政策条款可能存在的问题以及相应的修改建议。

表 3-9　公共政策健康影响评价意见反馈及备案表

<table>
<tr><td colspan="2">政策名称</td><td colspan="3"></td></tr>
<tr><td colspan="2">政策起草部门</td><td colspan="3"></td></tr>
<tr><td colspan="2">报送备案部门</td><td colspan="3">健康（促进）委员会办公室</td></tr>
<tr><td colspan="5">健康影响评价意见汇总
（必要时，可以表 3-7 分析评估表专家组意见作为附件提交）</td></tr>
<tr><td>序号</td><td>原政策条款</td><td>可能存在的问题</td><td colspan="2">修改建议</td></tr>
<tr><td>1</td><td>生态修复</td><td>①景观绿化，抑制扬尘，清洁空气，有利于居民健康；
②有可能影响生态微环境，带来微生物、蚊蝇等的孳生，增加传染性疾病发生风险</td><td colspan="2">①加强监测和综合防制；
②环境工程设计中，建议在绿化植物选种上多植驱蚊性植物</td></tr>
<tr><td></td><td></td><td></td><td colspan="2"></td></tr>
<tr><td></td><td></td><td></td><td colspan="2"></td></tr>
<tr><td colspan="5">页　　第　　页</td></tr>
<tr><td colspan="5">专家组组长：
参与专家：

提交日期：</td></tr>
<tr><td colspan="2">备案人（签字）</td><td></td><td>备案日期</td><td></td></tr>
</table>

3.4.7　提交备案

针对所有拟订政策的健康影响评价报告均须提交至健康(促进)委员会办公室进行备案。

对于没有通过健康影响评价的拟订政策,需要根据健康影响评价建议进一步修改完善,且经过健康影响评价专家组再次审核确认。

需要本级人大通过或本级党委政府行文发布的政策,由健康(促进)委员会办公室提交至健康(促进)委员会、政策起草单位及上级管理机构,供最终决策使用。

部门内部制定、不需本级人大通过或本级党委政府行文发布的政策,则由政策起草单位自行参考评价结果,做最终决策使用。

3.4.8　评价结果的使用

政策起草部门在收到公共政策健康影响评价意见反馈及备案表(表 3-9)后,需按照相关建议对拟订政策进行相应变动。政策起草部门健康影响评价协调工作人员应记录对健康影响评价建议的采纳使用情况(如不采纳相关建议则需说明理由)。在填写表 3-10 后,将其提交至健康(促进)委员会办公室备案。

表 3-10　健康影响评价结果采纳情况反馈表

<table>
<tr><td colspan="2">政策名称</td><td colspan="5"></td></tr>
<tr><td colspan="2">政策类别 / 用途</td><td colspan="5"></td></tr>
<tr><td colspan="2">政策起草部门</td><td colspan="5"></td></tr>
<tr><td colspan="2">报送备案部门</td><td colspan="5">健康(促进)委员会办公室</td></tr>
<tr><td colspan="7">健康影响评价意见采纳情况</td></tr>
<tr><th rowspan="2">序号</th><th rowspan="2">原政策条款</th><th rowspan="2">可能存在的问题</th><th rowspan="2">修改建议</th><th colspan="2">采纳使用情况</th></tr>
<tr><th>采纳</th><th>不采纳(理由)</th></tr>
<tr><td></td><td></td><td></td><td></td><td></td><td></td></tr>
<tr><td></td><td></td><td></td><td></td><td></td><td></td></tr>
<tr><td></td><td></td><td></td><td></td><td></td><td></td></tr>
<tr><td></td><td></td><td></td><td></td><td></td><td></td></tr>
<tr><td></td><td></td><td></td><td></td><td></td><td></td></tr>
<tr><td></td><td></td><td></td><td></td><td></td><td></td></tr>
<tr><td colspan="6">页　第　页</td></tr>
<tr><td colspan="3">政策起草部门联系人:</td><td colspan="3">电话:</td></tr>
<tr><td colspan="6">政策起草部门签章:
提交日期:</td></tr>
<tr><td colspan="3">备案人(签字):</td><td colspan="3">备案日期:</td></tr>
</table>

3.4.9 监测评估

监测评估包括对健康影响评价过程本身的评估和对拟订政策发布实施情况及实施后影响的评估。各地可根据拟订政策的具体情况以及地方资源选择性进行监测评估。

(1) 对健康影响评价过程本身的评估，主要是确保健康影响评价过程的科学、公开，评估结果的客观、可靠及把握度。

(2) 对拟订政策发布实施过程的监测评估，主要是评估政策执行情况，进行一致性评价，同时总结政策执行的效果、成功经验和失败教训。

(3) 对拟订政策发布实施后影响的监测评估，一是监测健康决定因素的变化情况；二是监测人群健康状况的变化及发展趋势，评估政策对人群健康的潜在影响。在政策实施阶段，通过收集与公共政策实施相关的信息和数据，了解健康决定因素及人群健康状况的发展变化，并将监测结果与其健康影响评价报告相比较，以进一步验证并发现公共政策实施中是否存在影响健康的问题。在较长的时期里，需要监测政府、各部门、人群对健康及健康决定因素的认识和态度的变化，监测人群健康及其决定因素长期发展趋势。

监督评估工作由健康(促进)委员会办公室牵头负责，在健康影响评价工作网络和健康影响评价专家委员会相互配合、明确分工的情况下开展。

3.5 健康影响评价常用分析评估办法简要介绍

根据“表 3-8 健康影响评价常用的分析评估方法”分类，在此对各类方法做简单介绍。各评估方法的具体操作流程及要求可参考相关专业书籍。

3.5.1 定性评估

(1) 专家观点：在与所评价政策相关的行业领域内，选取有多年工作经验的专业人员，听取他们提出的有价值的专业意见。

(2) 专题小组访谈：通过召集一小组同质人员，对所评价政策的健康影响进行讨论，进而得出结论。步骤：制订专题小组讨论计划；确定小组的数量及类型，专题小组讨论准备工作；进行专题小组讨论；对专题小组讨论结果进行分析与解释。

(3) 利益相关者研讨会：由所评价政策主要的利益相关者参加的现场或在线的专题研讨会。

(4) 关键知情人访谈：就所评价政策的健康影响相关问题去访问专家或了解问题某一特定方面的主要知情者。步骤：设计访谈提纲；恰当进行提问；准确捕捉信息，及时收集有关资料；适当做出回应；及时做好访谈记录。

(5) 公众听证会：公众参与地方治理的一种固定渠道。凡是在听证会上提出的意见，决策者必须在最后裁决中做出回应。步骤：准备阶段，根据听证的相关内容，制定听证公告并向上级领导请示，经同意后制定详细分工；举行阶段，宣布召开听证会的目的、会场纪律、陈述人的义务等，进入听证辩论程序；会议结束后：根据陈述人的发言内容，及时做好归纳总结，制定听证报告。

(6) 头脑风暴法：工作小组人员在正常融洽和不受任何限制的气氛中以会议形式进行讨论、座谈，打破常规，积极思考，畅所欲言，充分发表看法。步骤：会前准备；设想开发，有限时间内获得尽可能多的创意性设想；设想的分类与整理，一般分为实用型和幻想型两类；完善实用型设想；幻想型设想再开发。

(7) 德尔菲法：采用背对背的通信方式征询专家小组成员的分析评价意见，经过几轮征询，使专家小组的分析评价意见趋于集中，最后做出符合公共政策健康影响评价的结论。步骤：开放式的首轮调研，请专家提出需要分析评价政策条款问题；评价式的第二轮调研，专家对第二步调查表所列的每个政策条款做出评价；重审式的第三轮调研；复核式的第四轮调研，专家再次评价和权衡，做出新的评价结论。

(8) 情景评估：用于分析一个看似复杂的无头绪的情景，以及找出它们的头绪并能够判断出应当采取什么措施进行下一步，如做出决策、寻找问题根源还是进行计划分析。步骤：确定待解决问题的主题；找出与主题相关的问题；选择目标问题；确定是否需要进一步分析原因。

3.5.2　现有资料的定量评估

(1) 系统文献回顾：系统性文献综述法的思想在医药学领域的元分析(meta-analysis)带动下，借助互联网，利用不同的数据库和多种检索与分析技术，全面而准确地掌握公共政策可能造成的某一或某些健康影响的研究进展，并得出和检验研究结论的标准化文献研究方法。

(2) 现有人口统计和健康数据：搜集和利用如人口普查、调查数据，监管项目和机构报告等现有资料，来获得相关定量数据进行评估。

(3) 绘制人口统计、健康状况统计或环境测量结果分布图：结合所收集的现有资料进行相关分布图的绘制。

3.5.3　调查测量

(1) 环境测量措施：包括：①有害性物质的评估：空气、土壤和水里的有害物质 / 污染物，噪声；放射性或危险环境如洪水、火灾、滑坡或伤害风险。利用环境测量相关技术方法进行。②公共健康资产和资源的评估：水体、土地、农场、森林和基础公共建设设施、学校和公园等。运用相关现场调查方法获取。

(2) 实证研究：尤其是流行病学研究(调查、成本效益分析、测评)：利用流行病学调查研究方法设计和实施，以描述健康决定因素和健康结局的关联；必要时，量化关联的强度。

3.6　参考案例

本节提供了三个参考案例。杭州市针对公共政策的评价案例和琼海市针对工程项目的评价案例，其开展健康影响评价的技术程序与本节所述基本相同。本节同时纳入北京市针对政策调整的案例，该案例是基于世界卫生组织推荐的健康影响评价核心技术环节，结合北京市实际所进行的探索，可提供相关借鉴。

3.6.1 《杭州市中长期青年发展规划(2019—2025 年)》健康影响评价

(1) 背景：2019 年 7 月，为贯彻落实《中共中央、国务院关于印发〈中长期青年发展规划(2016—2025 年)〉的通知》和《中共浙江省委、浙江省人民政府关于印发〈浙江省中长期青年发展规划(2017—2025 年)〉的通知》要求，结合杭州实际，从政策层面有力推动杭州青年更好地发展，共青团杭州市委联合杭州市社科院共同起草了《杭州市中长期青年发展规划(2019—2025 年)(以下简称“规划”)(征求意见稿)》。

杭州市健康杭州建设领导小组办公室(以下简称“杭州市健康办”)对该规划进行了健康影响评价。

(2) 组建专家组：杭州市健康办根据“规划”所涉及的领域，选定了来自社会学、公共管理学、社会医学与卫生事业管理学、健康教育与健康促进等领域的 5 名专家组成健康影响评价专家组。

(3) 筛选：专家组参考健康决定因素清单（示例）（表 3-4），对照表 3-5 筛选清单栏目，进行快速筛选评估，确定需要针对“规划”进行健康影响评价，筛选结果见表 3-11。

表 3-11　“规划”健康影响评价筛选结果汇总

问题	专家意见		
	是	不知道	否
1. 该政策是否可能对健康产生消极影响	4/5*		1/5
2. 该政策是否可能对健康产生积极影响	5/5		
3. 潜在的消极或积极健康影响是否会波及到很多人（包括目前和将来）	5/5		
4. 潜在消极健康影响是否会造成死亡、伤残或入院风险	3/5	1/5	1/5
5. 对于残疾人群、流动人口、贫困人口等弱势群体而言，潜在的消极健康影响是否会对其造成更为严重的后果	5/5		
6. 该政策对经济社会发展有较大影响	5/5		
7. 该政策对公众的利益有较大影响	5/5		
8. 该政策是否会成为公众或社会关注的焦点	4/5	1/5	
是否进行健康影响评价　□是 5/5　□否			

注：4/5 是指 5 位专家中，有 4 位选择此项。

同时确定本次健康影响评价范围是“规划”文本内容对促进青少年健康发展存在潜在的影响。

(4) 分析评估

1) 分析评估的第一阶段通过函询形式进行，由专家各自对照表 3-4，逐项阅读“规划”条款，梳理“规划”所涉及的健康决定因素清单、描述可能产生的健康影响及修改建议。在该阶段，专家组向健康办提出需要补充提供资料。由此健康办组织进行文献研究和大数据收集，同时组织青年代表访谈，并将上述材料再次提供专家参考。

2) 分析评估的第二阶段为资料再收集和整理阶段，杭州市健康办组织相关人员，采用定性与定量相结合方法完成。

① 文献研究：通过文献检索，搜集有关青年人群生存状况、健康状况、执业特征、职业防护、职业健康管理、工作强度、工作满意度、发展需求等内容，进行归纳整理，以此对该规划进一步优化提出建设性建议。

② 大数据收集：从死因监测、门诊住院信息、心理咨询、医疗保险、社会保障、司法调解、110 社会联动、信访、志愿者服务等大数据平台获取杭州市 2016 年以来近三年青年人群相关资料。

③ 定性访谈：对不同就业状态、不同婚育状态、不同行业状态的青年代表进行座谈，获取利益相关群体的健康相关诉求。

3) 分析评估的第三阶段是评估专家组基于文献分析及定性访谈和大数据匹配分析结果，对“规划”所涉及的健康决定因素、可能产生的健康影响及修改建议进行再一次梳理和确认（如表 3-12 展示某专家的分析评估意见），并反馈杭州市健康办，由其进行汇总整理，并反馈专家组确认。

表 3-12 公共政策健康影响评价分析评估表（个人意见示例）

政策条款	对应的健康决定因素	潜在的健康影响		提出的政策修改建议（理由）
		积极 / 消极影响	影响的描述	
（二）青年教育 1. 提高学校育人质量	个体 / 行为危险因素： 1. 世界观、人生观和价值观 2. 健康理念和意识	消极	在提高学校育人质量中，健康人更为重要	注重培养学生的科学素养、“健康素养”和艺术修养
（三）青年健康 1. 提高青年体质健康水平	环境因素：健身场地和设施 公共服务的可及性、公平性和质量：文化娱乐休闲服务	消极	健康服务提供的公平性问题	配备符合“不同青年群体”特点的体育器材和设施
（三）青年健康 4. 加强青年健康促进工作	个体 / 行为危险因素：健康理念和意识	消极	加强健康促进对行为改变的作用	加强青年“健康教育与健康促进”工作 ——本段大部分描述的是健康教育的内容（如知识传播和行为干预），对于政策和环境支持、多部门行动涉及较少
（七）青年社会融入与社会参与 5. 推动青年社会融入	家庭和社区：相互支持、孤立 个体 / 行为危险因素：自尊 / 自信	小结	考虑社会公平性问题，由此所导致的心理健康问题和健康公平性问题	积极促进外地来杭求学、就业的少数民族青年、“残疾青年”、进城务工青年和刑满释放青年及其子女的社会融入

专家备注：青年教育中的“健康第一”的理念和公平性问题是需要着重考虑的问题。

(5) 报告与建议：基于评估结果的分析和专家咨询，健康影响评价专家组对“规划”提出以下意见和建议：

1) “规划”涉及的健康决定因素包括环境方面的工作、生活和学习微观环境、休闲与健身场地及设施；个体 / 行为危险因素方面的自尊自信、健康理念和意识；家庭和社区方面的相互支持；公共服务的可及性、公平性和质量方面的幼儿托管服务；就业方面的发展潜力挖掘等。

2) “规划”对青年人群的健康影响主要表现在

① 积极影响：“规划”实施对改善青年人群就业环境、生活环境、学习环境、工作环境、社

会保障等方面都具有较大的正向促进作用。

② 可能存在的消极影响：a. 对具有显著职业危害因素（包括但不限于法定职业危害因素，尤其是久坐、熬夜等因素）的用人单位的管理约束机制缺失；b. 对围产期、哺乳期及幼托期的女性青年支持机制不够完善，女性青年除了承担日常工作生活负担之外，还承担着生育职责，没有健全的支持机制，势必会影响女性青年健康状况或者其下一代健康状况；c. 规划鼓励将郊野公园、旧厂房、仓库、老旧商业设施及城乡空置场所改造为城乡公共体育场地，但是缺少此类场所可及性、安全性、可改造性的评价机制，盲目改造可能会增加意外伤害风险和资源浪费；d. 缺少针对非在业状态青年人群健康状况的监测途径，极易造成此类人群健康状况“被平均”忽视。

3）基于上述影响，评价专家组提出以下建议：①建立面向具有职业危害因素用人单位的青年人群社会关爱机制，补充针对青年人的健康管理模式；②完善面向孕产期、哺乳期和幼托期女性青年权益的保障机制及其子女照护机制；③完善新增城乡空置场所进行体育用地改造的评价机制；④建立针对非在业状态的青年人群的包括健康状态在内的动态监测网络，为青年人群提供全周期的健康服务和社会服务。

（6）评估结果的使用：针对“规划”的健康影响评价结果最终由杭州市健康办填写公共政策健康影响评价意见反馈表（表 3-13），并提交共青团杭州市委，供决策参考。建议采纳情况见表 3-13。

表 3-13　公共政策健康影响评价意见反馈表

政策名称	《杭州市中长期青年发展规划（2019-2025 年）》（征求意见稿）
政策起草单位	共青团杭州市委员会
报送部门单位	共青团杭州市委员会

健康影响评价专家评议组意见汇总：

政策原文	修改意见	理由	采纳情况
第 13 页：（三）“青年健康”发展目标：青年营养健康水平和体质健康水平持续提升……	建议：城乡青年居民健康素养总体水平持续提升，不低于 50%，青年吸烟率低于成人总体吸烟率	—	采纳
第 14 页：青年体质达标率不低于 95%	在校生青年体质达标率不低于 95%	缺少使非学生的青年体质达标支持条件（离开校园的青年体质达标如何达到）	采纳
第 14 页：充分利用郊野公园、旧厂房、仓库、老旧商业设施及城乡空置场所，加强城乡公共体育场地和设施的建设力度	建议只保留加强城乡公共体育场地和设施的建设力度	缺少这类场所可及性、治安 / 安全、可改造性的分析	采纳

续表

政策原文	修改意见	理由	采纳情况
第20页:同时,依法加强对企业女青年的保护,严格执行国家对于女性经期、孕期、生产期、哺乳期"四期"保护的法规,维护女青年生殖健康的权利	保障女性青年在生理期、孕期、产假、哺乳期等享有的法定权益。全面贯彻落实党政机关、企事业单位女性青年在怀孕、生育和哺乳期间依法享有的各项权利。倡导女性青年在怀孕、生育和哺乳期间进行家庭代际支持、亲朋好友帮助等,切实维护女性青年在怀孕、生育和哺乳期间得到关爱和帮助。积极探索物质奖励、切实保障产假期限,给予青年更多支持和帮助	仅强调了企业女青年的保护。忽视了家庭代际支持、亲朋好友帮助	采纳
第11页:1. 提高学校育人质量。注重培养学生的科学素养和艺术修养,推动学校教育特色化和多样化发展	注重培养学生的科学素养、健康素养和艺术修养	提高学校育人质量中,健康人更为重要	采纳
第14页:配备符合青年特点的体育器材和设施,构建"15分钟健身圈"	配备符合不同青年群体特点的体育器材和设施	健康服务提供的公平性问题	采纳
第17页:加强青年健康促进工作	1. 建议加强青年健康教育与健康促进工作 2. 建议由市应急管理局、公安局、市卫健委牵头,市委宣传部、市文明办、市委网信办、市民政局、市体育局、市教育局、市司法局、市财政局、市妇联、团市委、各公共场所控烟监管部门为参加单位	概念混淆。本段大部分描述的是健康教育的内容(如知识传播和行为干预),对于政策和环境支持、多部门行动涉及较少	部分采纳
第30页:推动青年社会融入。积极促进外地来杭求学、就业的少数民族青年、进城务工青年和刑满释放青年及其子女的社会融入	积极促进外地来杭求学、就业的少数民族青年、残疾青年、进城务工青年和刑满释放青年及其子女的社会融入	考虑社会公平性问题,由此所导致的心理健康问题和健康公平性问题	采纳
第6页第6行序言部分	去掉"和中国特色社会主义共同理想"	中国特色社会主义理想包含于共产主义远大理想	
第6页第17行序言部分"促进青年成才"	改为"促进青年健康成长"	健康成长包含了成才,但是成才含义相对狭隘	采纳

续表

政策原文	修改意见	理由	采纳情况
第42页“(四)青年心理健康养成工程”	建议市卫健委、市教育局为牵头单位,参加单位增加市财政局	—	采纳
第43页第9行“重大突发事件心理干预水平显著提高”	改为“重大突发事件心理干预水平显著提高,青年抗逆性水平明显增强”	压力	采纳
重大工程最后增加第十三条	增加“青年信用体系和机制建设工程”	健康理念和意识	部分采纳

评议专家:

×××　×××　×××　×××　×××

提交日期:

本节对《杭州市中长期青年发展规划(2019—2025年)(征求意见稿)》的健康影响评价案例展示,主要关注健康影响评价的技术路径。杭州市健康办在对“规划”的分析评估中,分层次展开,既是对评估方法的灵活运用,也保证了评估的科学严谨和评估结果的客观可靠。

3.6.2　琼海市双沟溪黑臭水体治理工程项目的健康影响评价

(1) 项目背景:琼海市境内河流众多,水资源丰富,水质优良。境内有九曲江、万泉河、新园水3条主要水系,其中万泉河是海南岛第三大河。双沟溪为万泉河的二级支流,以振海路以北的琼岛椰澜湾及北方坤小区附近作为起点,向东南方向延伸,最终汇入塔洋河(万泉河的一级支流),全长约8.9km,是一条接纳琼海市城区排涝、排水,保护城市水安全的“护镇河”。

城市的快速扩张以及市政污水管网建设的滞后,导致双沟溪的水环境状况十分恶劣,水体发黑发臭,水环境治理工作十分迫切。海南省和琼海市政府都高度重视双沟溪的水环境治理工作,先后出台多项行动方案,明确双沟溪黑臭水体治理要求。

2017年7月24日,琼海市市政府同意启动双沟溪黑臭水体治理工程前期工作。同年10月,经琼海市发展和改革委员会批准,第三方单位(中水珠江规划勘测设计有限公司)受琼海市城市建设投资有限公司委托,开展“琼海市双沟溪黑臭水体治理工程前期工作”项目,并于2018年中旬形成《琼海市双沟溪黑臭水体治理工程可行性研究报告》(报批稿)。

结合琼海市“健康中国”国家战略落实情况,并为琼海市建立公共政策健康影响评价制度提供案例模型和操作指导,琼海市爱卫办拟以“琼海市双沟溪黑臭水体治理工程”项目为典型案例,进行健康影响评价。

(2) 健康影响评价过程:本项目的健康影响评价过程分为三个阶段:①评价准备阶段:包括部门初筛、申请评价与备案受理(提交登记)、组建专家组;②评价实施阶段:包括筛选、分析评估、报告与建议;③评价结束及后续阶段:包括评价结果提交备案、使用及监测评估。

第一阶段：评价准备阶段

（1）部门初筛：由于本次健康影响评价是针对选定项目进行，故省略“部门初筛”环节。

（2）申请评价与备案受理（提交登记）：起草部门（琼海市城市投资建设有限公司，简称“城投公司”）经由琼海市发改委，向琼海市爱卫办申报项目健康影响评价，琼海市爱卫办填写《琼海市公共政策健康影响评价备案登记表》（表3-14），予以备案登记。委托第三方评价机构（北京健康城市建设促进会，以下简称“健促会”）实施评价。

表3-14　琼海市公共政策健康影响评价备案登记表

<table>
<tr><td>起草（提交）部门</td><td colspan="2">琼海市发改委</td><td>提交人</td><td>（签字）</td><td>电话</td><td></td></tr>
<tr><td>受理/备案部门</td><td colspan="2">琼海市爱卫办</td><td>受理/备案人</td><td>（签字）</td><td>电话</td><td></td></tr>
<tr><td>受理/备案日期</td><td colspan="2">2019.10.11</td><td colspan="2">评价完成时限</td><td colspan="2">2019.10.15</td></tr>
<tr><td>政策/项目名称</td><td colspan="6">琼海市双沟溪黑臭水体治理工程</td></tr>
<tr><td>对应健康问题</td><td colspan="6">健康环境　健康人群</td></tr>
<tr><td rowspan="2">是否做过其他有关评价（√）及内容</td><td colspan="6">是否做过？　是☑　否☐</td></tr>
<tr><td colspan="6">评价内容：
环评、劳动安全与工业卫生、社会稳定风险评估</td></tr>
<tr><td>部门初筛结果</td><td colspan="6">（略）</td></tr>
<tr><td rowspan="8">提交相关资料清单</td><td>序号</td><td colspan="3">文件名称</td><td>份数</td><td>备注</td></tr>
<tr><td>1</td><td colspan="3">可行性研究报告</td><td>1</td><td>城投公司</td></tr>
<tr><td>2</td><td colspan="3">可行性研究报告的批复（2018.8）</td><td>1</td><td>发改委</td></tr>
<tr><td>3</td><td colspan="3">双沟溪环评批复（2019.8）</td><td>1</td><td>生态环境局</td></tr>
<tr><td></td><td colspan="3">环境影响报告表</td><td></td><td>需要补充</td></tr>
<tr><td></td><td colspan="3">第一阶段环评资料</td><td></td><td>需要补充</td></tr>
<tr><td></td><td colspan="3"></td><td></td><td></td></tr>
<tr><td></td><td colspan="3"></td><td></td><td></td></tr>
<tr><td>备案说明</td><td colspan="6">①鉴于该项目投资较大，备受社会关注，加之我市对健康影响评价的办法不成熟，为了确保评价的科学性和规范性，特拟定委托第三方进行评价；②提交方市发改局对提交的相关资料的真实性负责</td></tr>
</table>

（3）组建（评价）专家组：“健促会”邀请来自中国健康教育中心、北京大学医学部、陕西省铜川市耀州区健促办的健康影响评价领域专家与“健促会”专家一同组成评价外部专家组。同时邀请琼海市卫健委、发改委、生态环境局、水务局、应急管理局、卫生监督所等部门的专家作为评价内部专家组，参与分析评估及公众听证会环节。

外部专家组成员通过内部讨论，形成针对“琼海市双沟溪黑臭水体治理工程”项目的健康影响评价流程。同时对内部专家组成员进行培训，使其了解健康影响评价的方法、路径及相关工具的操作。

第二阶段：评价实施阶段

（4）筛选：外部专家组在通读所报送的文件及相关资料，结合实地考察基础上，基于公共政策健康影响评价筛选清单（表 3-5）集体讨论完成筛选，并填写《琼海市公共政策健康影响评价筛选意见汇总表》（表 3-15）。

表 3-15　琼海市公共政策健康影响评价筛选意见汇总表

<table>
<tr><td colspan="2">起草（提交）部门</td><td colspan="5">琼海市发改委</td></tr>
<tr><td colspan="2">政策 / 项目名称</td><td colspan="5">琼海市双沟溪黑臭水体治理工程</td></tr>
<tr><td colspan="2">专家筛选界定日期</td><td colspan="5">2019 年 10 月 15 日</td></tr>
<tr><td colspan="2">筛选界定办法</td><td colspan="5">梳理各专家共同观点 + 异同观点投票决定</td></tr>
<tr><td colspan="7">评价专家组筛选结果：
经专家组通读所报送的文件及相关资料，并实地考察，认为该项目对改善双沟溪及塔洋河流域水环境卫生、防洪抗涝能力、生态环境等健康相关因素具有积极影响。同时，认为该项目在工程施工管理、建成后工程运行管理等方面可能存在对公众健康、残疾人健康产生消极影响的因素。通过梳理各专家共同观点，对不同的个性观点采取投票的办法，最终决定：①对该“项目”开展健康影响评价；②采取专家观点 + 公众听证会的办法进行评价</td></tr>
<tr><td colspan="7">专家组组长审定意见：
签字：×××　日期：2019.10.15</td></tr>
<tr><td colspan="7">参与评议专家及成员签字：
×××，×××，×××，×××
日期：2019.10.15</td></tr>
<tr><td colspan="7">投票结果统计</td></tr>
<tr><td rowspan="2">参与人数</td><td colspan="3">投票结果</td><td colspan="2" rowspan="2">结论：是否开展健康影响评价（　　）</td></tr>
<tr><td>同意票</td><td>反对票</td><td>弃权票</td></tr>
<tr><td>4</td><td>4</td><td>0</td><td>0</td><td>☑是</td><td>☐否</td></tr>
</table>

本次筛选确定有必要针对“琼海市双沟溪黑臭水体治理工程”项目进行健康影响评价，并确定采用专家观点 + 公众听证会办法进行。

（5）分析评估

1）目的：分析双沟溪黑臭水体治理工程可能涉及的健康决定因素及所产生的影响，预估和描述对健康的影响，并提出相应优化建议。

2）参加人员：琼海市爱卫办相关人员、评价专家组。同时邀请城投公司项目设计者或了解项目情况者参会介绍相关内容并回答评估专家组相关咨询。

3）方法：①个人分析：各专家事前通读《琼海市双沟溪黑臭水体治理工程可行性研究报告》（报批稿）及相关资料，了解项目基本情况；并结合健康决定因素清单（示例）（表 3-4），逐条梳理判定所对应的健康决定因素；完成琼海市双沟溪黑臭水体治理工程健康影响评价分析评估表“表 3-16”1~5 列的内容。②集体讨论分析：专家分别阐述个人对该项目健康决定因素的预估和描述及可能造成的健康影响，包括受影响人群（含弱势群体）的特征、影响范围及严重程度等信息。在专家组组长主持下，专家组集体讨论，对“表 3-16”1~5 列的内容进行确认，并完成“表 3-16”6~7 列的内容，描述项目所产生的潜在健康影响并提出建议。

表 3-16 琼海市双沟溪黑臭水体治理工程健康影响评价分析评估表

工程内容	对应的健康决定		暴露途径	潜在的健康影响		提出的政策修改建议（理由）
	分类	具体种类		积极 / 消极影响	影响的描述	
总体治理工程	环境	空气、水、土壤、生态	水质污染劣V类	积极影响	使水质污染从劣V类改善为V类，营造舒适生活环境，改善居民生活质量	注意监测
截污、清淤、补水等工程	环境（水）	水	污水（达到）水清、水满、河床卫生	积极影响	使污水（达到）水清、水满、河床卫生，营造舒适生活环境，改善居民生活质量	注意监测
生态修复、滚水坝工程、工程设计	环境（生态）	自然生态	景观绿化、扬尘 生态微环境（微生物、蚊蝇等孳生）	积极影响 消极影响	景观绿化，抑制扬尘，清洁空气，有利于居民健康。 有可能影响生态微环境，造成微生物、蚊蝇等的孳生，增加传染性疾病发生风险	建成和运行中，加强监测和综合防治。 工程设计中，建议在绿化植物选种上多植驱蚊型植物
弃渣场(规划)	环境（土壤）	土壤质量（淤泥等废物）	有效利用（二次利用） 微生物消毒灭菌	积极影响 消极影响	无害化处理后的淤泥有可能存在病原微生物，再利用时可能导致土壤、农作物的二次污染，进而影响食品安全和传染性疾病的发生	建议淤泥无害化处理后的检测内容增加对病原微生物的检测，并根据检测结果进行二次无害化处理
工程运行管理、工程设计	公共服务的可及性、公平性和质量	治安、安全保障和应急响应 残疾人服务	沿途安全警示标志和护栏的设置缺失； 日常管理中的意外伤害防范与急救措施缺失	消极影响	沿途安全警示标志和护栏的设置缺失； 日常管理中的意外伤害防范与急救措施缺失，步道及景观工程设计中没有考虑到对残疾人、老年人等弱势群体的影响，有可能增加意外伤害的发生风险，尤其是针对弱势群体	合理设计，增加盲道和无障碍通道，在高风险地段增设安全护栏和安全警示标志； 将安全防范纳入日常管理之中

续表

工程内容	对应的健康决定		暴露途径	潜在的健康影响		提出的政策修改建议（理由）
	分类	具体种类		积极/消极影响	影响的描述	
工程管理	就业	就业和工作保障 职业防护和健康管理	“可行性研究报告”中“本工程在施工营地设置简易化粪池，施工人员生活污水经化粪池处理达到《污水综合排放标准》(GB8978—1996)表4三级标准后，定期用吸粪车运往污水处理厂处理”； 没有具体的建筑工人食堂管理（食品安全问题）措施； 施工人员生活住房沿用主体工程生活营地	消极影响	“可行性研究报告”中“本工程在施工营地设置简易化粪池，施工人员生活污水经化粪池处理达到《污水综合排放标准》(GB8978-1996)表4三级标准后，定期用吸粪车运往污水处理厂处理”； 没有具体的建筑工人食堂管理（食品安全问题）措施； 施工人员生活住房沿用主体工程生活营地； 基于上述原因，有可能影响集中居住施工人员的健康和生活环境，导致食品安全、疾病暴发流行等公共卫生事件	厕所：按标准设立无害化卫生厕所； 建立工地食堂、宿舍管理制度，达到建筑工地食堂宿舍基本要求

(6) 召开公众听证会

1) 目的：告知并听取利益相关者的意见，完善政策修改建议。

2) 参加人员：专家组成员；公众代表：双河溪沿线利益相关群众 2~3 人；关键知情人员："城投公司"项目设计者或了解项目情况者，项目可研报告水文、工程地质、工程施工设计等部分的撰写者；决策部门人员：市发改委负责项目审批的人员。

3) 内容及方法：专家组组长阐述前期分析评估过程及结果（包括所涉及健康决定因素及可能产生的积极与消极影响）；收集听取公众代表和关键知情人提出的意见；回答公众代表和关键知情人提出的问题。

(7) 报告与建议

1) 目的：确定修改建议，形成健康影响评价意见和报告。

2) 参加人员：以琼海市爱卫办和评价项目外部专家组为主。

3) 内容：基于公众听证会意见建议，进一步讨论完善琼海市双沟溪黑臭水体治理工程健康影响评价分析评估表（表 3-16）；形成健康影响评价意见反馈及备案表（表 3-17）；形成完整的健康影响评价报告。

表 3-17　琼海市公共政策健康影响评价意见反馈及备案表

<table>
<tr><td colspan="2">政策 / 项目名称</td><td colspan="2">琼海市双沟溪黑臭水体治理工程</td></tr>
<tr><td colspan="2">起草（提交）部门</td><td colspan="2">琼海市发改委</td></tr>
<tr><td colspan="2">报送部门</td><td colspan="2">琼海市爱卫办</td></tr>
<tr><td colspan="4">健康影响评价意见汇总（同时附：表 3-13）</td></tr>
<tr><th>序号</th><th>原条款</th><th>可能存在的问题</th><th>修改建议</th></tr>
<tr><td>1</td><td>总体治理工程</td><td>使水质污染从劣Ⅴ类改善为Ⅴ类，营造舒适生活环境，改善居民生活质量</td><td>注意监测</td></tr>
<tr><td>2</td><td>截污、清淤、补水等工程</td><td>使污水（达到）水清、水满、河床卫生，营造舒适生活环境，改善居民生活质量</td><td>注意监测</td></tr>
<tr><td>3</td><td>生态修复、滚水坝工程、工程设计</td><td>景观绿化，抑制扬尘，清洁空气，有利于居民健康；
有可能影响生态微环境，造成微生物、蚊蝇等的孳生，增加传染性疾病发生风险</td><td>建成和运行中，加强监测和综合防治；
工程设计中，建议在绿化植物选种上多植驱蚊型植物</td></tr>
<tr><td>4</td><td>弃渣场（规划）</td><td>无害化处理后的淤泥有可能存在病原微生物，再利用时可能导致土壤、农作物的二次污染，进而影响食品安全和传染性疾病的发生</td><td>建议淤泥无害化处理后的检测内容增加对病原微生物的检测，并根据检测结果进行二次无害化处理</td></tr>
<tr><td>5</td><td>工程运行管理
工程设计</td><td>沿途安全警示标志和护栏的设置缺失；
日常管理中的意外伤害防范与急救措施缺失，步道及景观工程设计中没有考虑到对残疾人、老年人等弱势群体的影响，有可能增加意外伤害的发生风险，尤其是针对弱势群体</td><td>合理设计，增加盲道和无障碍通道，在高险地段增设安全护栏和安全警示标志；
将安全防范纳入日常管理之中</td></tr>
</table>

续表

序号	原条款	可能存在的问题	修改建议
6	工程管理	“可行性研究报告”中“本工程在施工营地设置简易化粪池，施工人员生活污水经化粪池处理达到《污水综合排放标准》(GB8978—1996)表4三级标准后，定期用吸粪车运往污水处理厂处理”； 没有具体的建筑工人食堂管理(食品安全问题)措施； 施工人员生活住房沿用主体工程生活营地。 基于上述原因，有可能影响集中居住施工人员的健康和生活环境，导致食品安全、疾病暴发流行等公共卫生事件	厕所：按标准设立无害化卫生厕所； 建立工地食堂、宿舍管理制度，达到建筑工地食堂宿舍基本要求
专家组组长： 参与专家： 提交日期：			
备案人(签字)		备案日期	

第三阶段：评价结束及后续阶段

(8) 评价结果提交备案：第三方评价机构(北京健康城市建设促进会)专家组在完成“表3-17”后，即提交琼海市爱卫办。同时在2019年10月30日完成《琼海市双沟溪黑臭水体治理工程健康影响评价报告》，并提交琼海市爱卫办。

(9) 评价结果的使用及监测评估：本次对“琼海市双沟溪黑臭水体治理工程”的健康影响评价过程中，专家组就项目建议的可行性与琼海市发改委和“城投公司”进行了磋商，健康影响评价结果同时提交琼海市发改委和“城投公司”，供项目进一步完善。

对项目实施及项目运行期的监测评估环节将需要琼海市相关机关部门协调配合进行，在此免去描述。

本次对“琼海市双沟溪黑臭水体治理工程”的健康影响评价，为琼海市爱卫办及相关成员部门完整演练了公共政策健康影响评价的基本流程，说明针对公共政策健康影响评价的技术路径同样适用于工程项目。然而，在实际操作中，还需要依据项目规模及综合性多方收集和分析资料，以保证健康影响评价分析评估的科学客观可靠。

3.6.3　北京市取消预防性健康检查机构审批指定事项政策的健康影响评价

(1) 政策调整背景：依据《预防性健康检查管理办法》(1995年6月2日卫生部令第41号发布)，从业人员健康检查是指对食品、饮用水生产经营人员、公共场所直接为顾客服务的人员、直接从事化妆品生产的人员、有害作业人员等按国家有关卫生法律、法规规定所进行的从业前和从业期间的健康检查，每年开展一次。承担预防性健康检查工作的医疗卫生机构必须经政府卫生行政部门审查批准后，方可在指定范围内开展预防性健康检查工作。

2016年10月，原北京市卫生和计划生育委员会和北京市食品药品监督管理局联合下发了《关于开展从业人员健康检查工作的通知》，根据《国务院关于第一批取消62项中央指定地方实施行政审批事项的决定》(国发〔2015〕57 号)和《国家卫生计生委决定废止的部门规章目录》(国家卫生计生委令第 7 号),北京市取消预防性健康检查机构审批指定事项,不再将预防性健康检查作为专项工作开展,从事从业人员健康检查的医疗机构纳入原北京市卫生计生行政部门对医疗机构的质量管理和日常监督管理。

为评价该项政策调整对人群健康的影响,开展本研究。考虑健康影响评价在北京尚处于探索阶段,为提高财政资金利用效率,本次评估将重点放在消极影响上,未对积极影响进行评估。

(2) 组建健康影响评价工作组:健康影响评价工作组成员包括市卫生健康委工作负责人、市疾控中心工作负责人、各区疾控中心工作负责人、高校教授、具体实施人员等。针对此次评价,选择 6 位对政策调整比较熟悉的专家成立筛选工作小组,包括市卫生健康委工作负责人 1 人和市区疾控中心负责人 5 人。

(3) 确定健康影响评价方法和内容

1) 筛选:由于本次评价的政策已经事先选定,所以略过筛选环节。

2) 范围界定

① 确定评价的深度:评价工作组成员共同研讨,填写评价深度选择清单(表 3-18),得分为 82 分,建议深度评价。

表 3-18 评价深度选择清单

序号	需考虑的方面	具体解释	满分	打分原则	得分
1	政策变化幅度	原有政策内容的变化程度;公众利益受影响程度	17	根据政策变化幅度打分,变化幅度越大得分越高	15
2	对健康的影响程度	对健康的潜在影响是否重大	25	根据对健康的影响程度打分,影响越大得分越高	13
3	评价容许时间	政策变化的时间是否很急迫;政策变化的时间是否与其他政策密切相关;政策变化是否存在“机会之窗”	21	根据评价容许时间打分,时间越充裕得分越高	21
4	评价资料可获得性	所需要的评价资料是否能够获取	20	根据评价资料可获得性打分,评价资料越容易获得,得分越高	18
5	评价资金充足性	评价所需要的资金是否充裕	17	根据评价资金充足性打分,评价资金越充足,得分越高	15
总得分			100		82

注:得分结果与选择评价深度的关系:80 分及以上,深度评价;60~79 分,快速评价;60 分以下,面上评价。

② 确定评价内容:对照健康决定因素清单(见表 3-4),找出政策调整后可能影响的健康决定因素,经专家研讨,确定可能产生消极健康影响的政策调整内容以及可能产生的影响(表 3-19),以确定下一步评估的内容及方向。

表 3-19　潜在健康影响清单

政策调整内容	涉及的健康决定因素	描述可能的健康影响
• 体检机构不再由卫生行政部门审批; • 无统一操作技术规范	公共服务的获得和质量:医疗保健	体检机构无准入标准,不规范操作,体检质量无法保证
• 不再使用统一信息化系统; • 无配套监管措施	公共服务的获得和质量:医疗保健	体检信息不可溯源,影响体检质量控制和从业人员追踪
• 未明确要求从业人员的培训	个体/行为危险因素:健康理念和意识	从业人员培训次数及质量下降,从业人员的防病意识差,可能对公众健康产生影响

(4) 实施健康影响评价技术评估

1) 评估方法及内容

① 文献资料收集:通过 CNKI、万方等期刊数据网站的文献检索,查阅有关从业人员健康检查工作的文献。下载并参考了国内从业人员预防性健康检查相关文献 13 篇。从卫生行政部门、政府网站、疾控中心等部门收集有关北京市取消预防性健康检查机构审批指定事项相关政策文件、法律法规、配套资料以及过往的研究资料。共查阅从业人员预防性健康检查相关法律法规 17 部。

② 定性访谈:利用个人深入访谈和专题研讨方法收集资料,采用主题框架法进行分析。

个人深入访谈:选取主要利益相关者、关键知情人等进行访谈,主要包括:市卫生健康委有关负责人 1 人、市区两级疾控中心有关人员 4 人(北京市疾控中心 1 人,西城区、丰台区、怀柔区疾控中心各 1 人)、监督所有关人员 1 人、各级各类医疗机构体检部门负责人员 8 人(1 家三级医院,2 家二级医院,3 家社区医院,2 家民营医院)、从业人员 10 人。不同访谈对象的访谈重点不同:对市卫生健康委有关负责人的访谈内容主要为政策制定背景、调整原因、哪些内容有所调整、预期效果等;市区两级疾控中心有关人员访谈内容主要为政策调整的具体内容、政策调整后会对哪些人产生影响、有何影响、有何改进建议等;监督所有关人员访谈内容主要为政策调整后监督方式和内容有何改变等;各级各类医疗机构体检部门负责人员访谈内容主要为政策调整后工作变化、检查项目和手段、收费、健康证明、存在问题及政策建议等;从业人员访谈内容主要为政策调整后产生的影响、体检流程规范性、对政策调整的支持程度及改进建议等。

小组讨论:邀请政府部门、高校、疾控中心、体检机构、从业人员以及信息化等领域专家以专题会议的形式进行研讨,以准确归纳出健康体检工作中存在的问题,提出针对性解决方案,并形成政策建议。

③ 定量调查:采用方便抽样方法,对朝阳区 8 家机构 212 人、西城区 5 家机构 173 人、怀柔区 1 家机构 59 人,东城区 1 家机构 29 人和大兴区 1 家机构 27 人,共计 500 名从业人员进行了问卷调查,了解其参加健康体检的现状和对甲型肝炎传播途径、戊型肝炎传播途径、需要洗手的情况、需要戴口罩的情况及需要健康检查的情况这五项知识的掌握情况。

2) 评估结果

① 北京市从业人员健康体检工作现状

体检机构分布:全市 16 区疾控中心目前仅怀柔区疾控中心仍承担从业人员健康体检工

作,其他各区疾控中心均不再承担该项工作。其中,8 个区疾控中心在北京市下发取消预防性健康检查机构审批指定事项通知前已经停止该业务,另外 7 个区疾控中心在下发通知后停止体检业务。目前,各区均未明确指定辖区从业人员体检机构。仅东城区、朝阳区、门头沟区、房山区、大兴区、怀柔区疾控中心掌握辖区从业人员体检机构名单。朝阳区疾控中心通过体检办证系统对新进入体检机构进行审核。

体检项目的限定和执行情况:截至 2016 年 11 月所掌握全市各类从业人员的体检情况,虽然相关法律法规对各行业要求的体检项目不一样,但抽血化验、X 线检查、粪便检查和皮肤检查为共性的体检项目。部分被访谈对象表示,部分上门体检的医疗机构体检流程不规范,有的反映缺少粪便检查,有的反映缺少 X 线检查,有的反映皮肤检查不够细致。

健康证明的发放情况:全市从业人员持有的健康证明形式主要包括健康证明卡、健康证明单(京卫疾控〔2016〕107 号文中健康证明格式加盖公章)和健康体检报告三种形式。其中,4 个区发放的为健康证明卡,4 个区同时存在健康证明卡和健康证明单两种形式,1 个区发放的为健康证明单,2 个区发放的为健康体检报告,其余 5 个区不清楚发放形式。仅朝阳区的健康证明由朝阳区疾控中心统一发放,其他区由体检机构发放。

从业人员培训情况:朝阳区、丰台区、海淀区、顺义区和大兴区表示会对从业人员开展专项公共卫生知识培训,朝阳区、丰台区、海淀区和大兴区部分体检机构仍在发放培训证。

体检工作督导情况:全市仅朝阳区明确由朝阳区疾控中心对区域从业人员体检工作进行专项督导检查,其他各区疾控中心均不参与该项工作督导。

② 北京市从业人员相关知识的知晓情况:所有从业人员均须了解以下五个方面:甲型肝炎传播途径、戊型肝炎传播途径、需要洗手的情况、需要戴口罩的情况和需要健康检查的情况。调查结果显示,从业人员甲型肝炎传播途径的知晓率为 21.8%,戊型肝炎传播途径的知晓率为 18.6%,需要洗手情况的知晓率为 52.8%,需要戴口罩情况的知晓率为 57.6%,需要健康检查情况的知晓率为 31.0%。5 道知识全部答对的百分比仅为 3.2%。

3) 存在的问题及潜在影响

① 体检机构不能按照相关法律要求进行规范体检:由于从业人员健康体检结果为一过性检查结果,仅反映被体检对象体检当天的健康状况,所以部分医疗机构认为不需要对健康检查结果负责,导致一些医疗机构不体检就发证或者只采样不检验等弄虚作假行为。访谈过程中部分医疗机构体检负责人表示民营医院体检量与承载量不符,实际体检人数严重偏高。此外,由于各体检项目缺乏统一的操作培训,如拍胸片应该用什么机器、粪便检查规范操作流程等,造成体检机构对于各个体检项目操作规范比较困惑,体检质量难以保证。

② 缺乏有效的监管措施:将体检机构的预防性健康检查放开后,配套的监管和服务没跟上,体现在体检机构无备案,全市体检机构底数不清,从业人员健康检查纳入一般体检行为进行管理后,医政部门并不对其进行专项监管,监督部门无法判定健康证真伪等方面。

③ 体检信息无法进行溯源:政策调整前,全市使用统一的信息管理系统,可以实现 4 个功能:一是掌握全市从业人员健康体检数据,实现对全市从业人员的健康监测;二是体检信息全程可溯源,可有效控制体检质量;三是利用条形码识别技术、电子影像技术等现代技术手段,对接受健康检查的个人进行全程身份识别,有效地预防了冒名顶替的现象;四是电子健康证明和网上查询功能的开通遏制了伪造健康证的现象。

政策调整后,取消了全市统一信息管理系统,无法实现上述功能。同时,政策调整后对健康证明具体形式没有要求，目前主要存在健康证明卡、健康证明单、健康体检报告等 3 种形式的健康证明，但是由于各区监管部门对健康证明的要求不一致，健康证明不能实现互联互通，造成部分从业人员重复体检的情况。

④ 从业人员培训力度下降，卫生相关知识知晓率低：政策调整前均有体检机构负责对从业人员进行知识培训。政策调整后，医疗机构培训力度有所下降，部分培训流于形式或者不进行培训。另外，监管部门对培训只有要求，但无惩罚措施，造成体检经营企业对员工的培训缺乏积极性。由此导致从业人员对应知应会的 5 项健康知识知晓率低。

4）关键健康影响识别：评价工作组对识别出的健康影响进行评分（表 3-20），健康影响排序如下：体检机构不能按照相关法律要求进行规范体检；从业人员培训力度下降，卫生相关知识知晓率低；体检信息无法进行溯源；缺乏有效的监管措施。

表 3-20　关键健康影响识别

序号	一级指标	二级指标	满分	打分原则	影响 1	影响 2	影响 3	影响 4
1	影响的性质	影响的性质	25	如为消极影响，则得 25 分；如为积极影响，则不得分	25	25	25	25
2	影响的严重程度	影响的结局	5	影响的结局越严重，得分越高	5	4	3	5
3		波及的人群范围	5	波及的人口数量越多，得分越高	3	3	3	3
4		波及的地域范围	5	波及的地域范围越广，得分越高	3	3	3	3
5		影响持续时间	5	影响持续的时间越久，得分越高	3	3	3	3
6		影响发生的频率	4	影响发生的频率越高，得分越高	3	2	3	3
7		公众关注度	5	公众关注度越高，得分越高	4	3	1	4
8	影响发生的可能性	影响发生的可能性	25	影响发生的可能性越大，得分越高	20	18	20	20
9	影响的可控制性	影响的可逆性	7	影响越不容易逆转，得分越高	6	3	3	3
10		消除影响的成本	7	消除影响的成本越高，得分越高	2	2	5	2
11		消除影响的能力	7	消除影响的能力越弱，得分越高	3	2	4	3
合计					77	68	73	74

注：影响 1- 体检机构不能按照相关法律要求进行规范体检；影响 2- 缺乏有效的监管措施；影响 3- 体检信息无法进行溯源；影响 4- 从业人员培训力度下降，卫生相关知识知晓率低。

5）结论及建议：北京市取消预防性健康检查机构审批指定事项后，从业人员体检比以前更为方便，但是缺乏事中和事后监管，给公众健康埋下了一定的安全隐患。为切实达到放管服的目的，基于本次健康影响评价，提出以下建议，并提交相关部门，为该政策实施的后续管理和完善提供依据。

① 制定北京市从业人员预防性健康检查技术规范：为规范从业人员健康体检操作流程，提高体检质量，应当制定北京市从业人员预防性健康检查技术规范，对体检的项目、操作流程、技术要求等做出明确要求，统一体检标准，同时也便于制定统一的收费原则。

② 加强从业人员预防性健康检查事中事后监管：从业人员体检工作属于医疗行为，体检机构全面放开符合市场发展的规律，但是从业人员健康状况与公众健康密切相关，因此建议加强事中事后监管。由市卫生健康委和其他监管部门共同制定有效的从业人员预防性健康检查监管制度，以保证从业人员体检质量。

③ 利用信息化手段实现从业人员体检工作规范管理：从业人员数据收集是从业人员健康监测和体检工作监管的重要手段，为提高体检质量，必须要实现预防性健康检查数据全程可溯源，同时为提高相关部门监管的质量，必须要实现健康证明的真伪可查。基于以上目的，建议由市卫生健康委依法制定从业人员体检信息化管理规范，统一数据的上报格式及内容，从业人员健康体检软件管理系统由负责体检的医疗机构自行选择，按要求定期上报相关数据。

④ 增加经营单位和从业人员体检及培训的积极性：利用经济手段鼓励经营单位主动开展从业人员体检，比如从业人员体检费用可以抵扣经营所得税。同时，应建立有效的培训手段，增加经营单位及从业人员学习的积极性。

（**撰　　写**　张　萌　钱　玲　卢　永；
案例提供　王建勋　苏　宁　庄辉烈　夏小雪；
审　　核　吕战胜　徐　勇　史宇晖）

参考文献

[1] Islam KR, Weil RR. Soil Quality in Dictator Properties in Mid Atlantic Soils as Influenced by Conservation Management [J].Soil Water Conser, 2000, 50: 226-228.
[2] 法理．正心态是教师压力的缓释剂[J]. 北京教育，2012(11):26.
[3] 飞驰．关于“广义”生命在于运动的十大事实[J]. 糖尿病天地，2015(1):63.
[4] 顾建光．公共政策分析概述[M]. 上海：上海人民出版社，2007.
[5] 关保英．论公众听证制度程序的构建[J]. 学习与探索，2013(1):70-77.
[6] 国家体育总局政策法规司．山东省全民体育健身条例发布实施[EB/OL]. [2004-12-22]. http://www.sport.gov.cn/zfs/n4974/c665884/content.html.
[7] 国家统计局山东调查总队城住户调查课题组．山东城镇居民工资性收入变动特点及比较研究[J]. 山东统计，2011, 06(6):15-17.
[8] 何琼，裘璎．论就业歧视的界定——欧盟“正当理由”理论对我国的启示[J]. 法学，2006(4):112-118.
[9] 黄遵菊．林业绿化树移植栽培及养护技术探析[J]. 种子科技，2017,（8):85-87.

[10] 霍仙丽. 大学毕业生就业问题分析及对策研究[J]. 科技资讯,2015(1):242-243.
[11] 李丹,刘俊升. 健康心理学[M]. 上海:上海教育出版社,2014.
[12] 李华. 兰州市文化休闲娱乐场所空间格局及影响因素研究[D]. 兰州:西北师范大学,2017.
[13] 李鲁,吴群红. 社会医学[M]. 北京:人民卫生出版社,2013.
[14] 刘为军. 中国食品安全控制研究[D]. 陕西杨凌:西北农林科技大学,2006.
[15] 柳成栋. 浅谈黑龙江民俗文化[J]. 黑龙江史志,2012(12):30-32.
[16] 娄伟. 情景分析方法研究[J]. 理论与方法,2012(9):17-26.
[17] 中国健康教育中心. 健康影响评价理论与实践研究[M]. 北京:中国环境出版集团,2019.
[18] 品源. 灵活性、清洁性和高效性应成为能源安全的新指标[N]. 中国经济导报,2013-01-26(B02).
[19] 邱文毅,钱进,何德雨,等. 浅谈国境口岸医学媒介生物监测的意义及要求[J]. 口岸卫生控制,2011,16(4):3-6.
[20] 屈宝泽,李天助,卢妮敏,等. 家庭支持对冠状动脉支架术后患者预后影响的研究[J]. 医学与哲学(B),2018,(10):63-66+77.
[21] 宿州市埇桥区疾病预防控制中心. 世界卫生组织:健康三要素[EB/OL]. [2014-09-30]. http://www.yqqcdc.com/display.asp？ id=988.
[22] 童峰,郭仕利,杨晓莉,等. 老年人社会孤立干预措施有效性的系统评价[J]. 中国心理卫生,2014,28(10):760-766.
[23] 王逢宝. 快速公交建设影响城市居民出行结构变化的实证研究[J]. 城市,2011,(11):64-66.
[24] 王花丽. 夏热冬冷地区城市公共空间微环境质量评价和舒适性分析[D]. 长沙:湖南大学,2016.
[25] 王晓辉,韩宁宁,刘慧. 安徽省生物多样性调查与评价——以县域为评价单元[J]. 环境科学与管理,2011,36(10):167-172.
[26] 王亚云. 数据挖掘技术在交通管理中的应用[D]. 成都:电子科技大学,2009.
[27] 王滢,刘建. 科学推动气候变化适应政策与行动[J]. 世界环境,2019,(1):26-28.
[28] 邬堂春. 职业卫生与职业医学[M]. 北京:人民卫生出版社,2017.
[29] 世界卫生组织. 身体活动[EB/OL]. [2018-02-23]. https://www.who.int/zh/news-room/fact-sheets/detail/physical-activity.
[30] 武翠芳. 注重学生自信心的建立[J]. 科技视界,2014(8):235-236.
[31] 徐含笑. 大学生自尊对主观幸福感的影响[J]. 长春教育学院学报,2010,26(3):29-31.
[32] 许万敬,刘向信. 家庭学[M]. 济南:山东友谊出版社,1994.
[33] 杨克敌. 环境卫生学[M]. 北京:人民卫生出版社,2017.
[34] 杨燕绥,闫俊. 中外社会保障公共服务管理模式变迁新解——厘清公共服务"私有化""回归"与"外包"[J]. 比较与研究,2011,(6):68-70.
[35] 叶斯阳,陈政友,邱奕冰. 制造业工人饮酒行为影响因素及对其生命质量的影响[J]. 中国职业医学,2019,46(1):55-60.
[36] 张泉水,夏莉,蔡翠兰,等. 深圳市毒品及药物滥用的流行趋势研究[J]. 中国社会医学,2014,31(6):441-443.
[37] 张天. 浅谈中学生世界观教育[J]. 新校园,2017(1):191.
[38] 张雅丽,陈淑英,钱爱群. 护理诊断、健康评估[M]. 北京:高等教育出版社,2011.
[39] 庄丽丽,马迎华,赵海,等. 青少年生活技能的评价工具探索[A].《中华预防医学会儿少卫生分会第九届学术交流会、中国教育学会体育与卫生分会第一届学校卫生学术交流会、中国健康促进与教育协会学校分会第三届学术交流会论文集》[C].2011年.
[40] 周伟林,严冀. 城市经济学[M]. 上海:复旦大学出版社,2006.
[41] 周文. 城市经济学[M]. 北京:中国人民大学出版社,2014.

第三部分

相关领域健康影响评价技术指南及参考案例

4 空间规划健康影响评价技术指南及参考案例

本部分技术指南从国土空间规划体系视角，提出引入健康影响评价的重要意义；并基于对国内外健康影响评价的内涵、工具和应用的梳理与分析，提出面向特定空间范围的规划编制方案健康影响评价的理论体系，包含理论依据、理论框架、评价程序、评价方法和评价指标等内容。最后，本指南从宏观层面和微观层面，分别介绍针对规划编制方案的评价流程、评价指标以及具体的评价方法，图文并茂地通过实践案例展示具体评价过程，以期为相关实践提供指导与参考。

本技术指南所涉及的健康影响评价对象为规划编制“方案”。定位于国土空间规划的市级、县级和乡镇级层面，以城镇开发边界内的规划方案为主（包括总体规划和详细规划）。另外，开展特定专项规划（如公园绿地规划、体育设施布局规划）的健康影响评价亦可参考借鉴本指南。

指南主要面向“规划编制方案”设计者，其次是规划管理者和健康影响评价专业人员等。健康影响评价应在规划方案专家评审前或同时开展，评价结果可作为优化方案的重要依据。

由于空间规划领域的特殊性，其健康影响评价在基本程序和技术方法上有所调整和拓展。

4.1 国土空间规划与健康影响评价引入

国土空间规划从多尺度的城市建成区和乡村地区的整体空间角度，统筹安排国土空间的管治，将主体功能区规划、城乡规划、土地利用规划和环境保护规划等多种涉及国土资源利用相关规划进行有机融合。2019 年 5 月 23 日，中共中央、国务院《关于建立国土空间规划体系并监督实施的若干意见》（后称“意见”）明确了国土空间规划的内涵，提出了构建多层级的国土空间规划体系，并明确各类规划所处地位与作用。国土空间规划的目标之一是促进建设可持续发展的空间蓝图；也为推进城乡公共健康提供了空间政策载体。针对国土空间规划方案的健康影响评价，通过评估或预测多维度空间要素对不同人群的健康影响，提供预防、干预和优化的思路和路径，从而基于国土空间规划降低发病率和减轻疾病负担，提升我国的公共健康水平。

4.1.1　国土空间规划体系

国土空间规划是推进生态文明建设、提升促进国家治理能力的重要途径。“意见”提出建立国土空间规划体系并监督实施，通过统一的国土空间规划实现“多规合一”，强化国土空间规划对各专项规划的指导作用；综合考虑人口分布、经济布局、国土利用、生态环境保护等因素，整体谋划国土空间开发保护，科学布局“三生”空间。

当前我国建构的国土空间规划体系涵盖三种规划类型和五个空间尺度(图 4-1)。三种规划类型包括总体规划、详细规划和相关专项规划；五个空间尺度是指全国、省级、市级、县级和乡镇级的国土空间总体规划。其中，专项规划是指涉及空间利用的某一领域的规划，涵盖海洋、交通、能源、水利、农业、市政、公共服务设施、文物保护和林业草原等多种主题。从五个空间尺度来看，高层级的国土空间规划将作为下一层级国土空间规划的指导和编制依据。从三类规划之间协调关系来看，国土空间总体规划应起到纲领性和引导性作用，统筹平衡相关要素的空间需求的同时，作为详细规划和相关专项规划的依据；而专项规划的重要内容应纳入相应详细规划，详细规划编制在市县及以下空间层面开展。

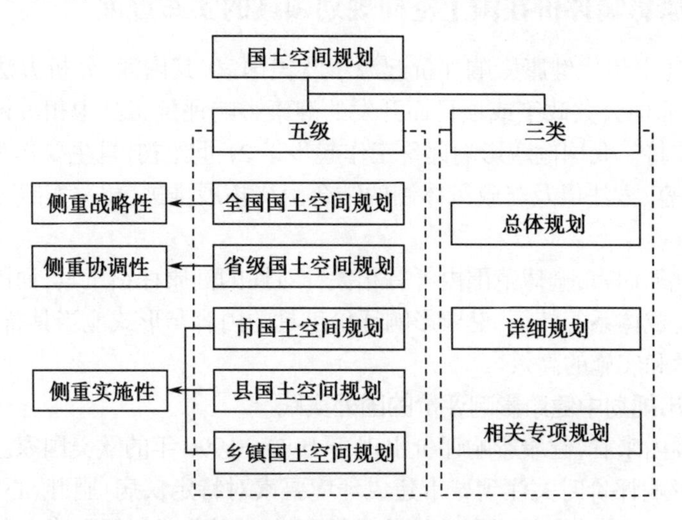

图 4-1　国土空间规划体系的三种类型和五个空间尺度

4.1.2　针对国土空间规划开展健康影响评价的意义

在空间资源配置过程中对公共健康加以考虑，保障国土开发和保护有利于我国人民身心健康，促进“健康中国”国策的落实。世界卫生组织(World Health Organization，WHO)提出健康影响评价(health impact assessment，HIA)是评价一项政策、计划或者项目对特定人群健康的潜在影响，以及这些影响在该人群中分布的一系列相互结合的程序、方法和工具。针对国土空间规划的健康影响评价在促进将“将健康融入所有政策”和“健康中国”建设、为预防医疗提供重要抓手和优化国土空间规划方案三个方面将具有积极且重要意义：

(1) 是促进“健康融入所有政策”和推进“健康中国”建设的重要途径。国土空间规划作为政府在空间和时间上统筹安排国土空间资源的一种方式，本身就是一种重要的公共政策。作为城乡空间开发和保护、社会基础性支撑设施配置的依据，国土空间规划为我国健康城市建设提供了物质空间基础，具体路径包括医疗设施均等化、促进全民运动等。因此，针对国土空间规划开展健康影响评价将为“将健康融入所有政策”和“健康中国”建设提供政策抓手。

(2) 为预防医学(preventive medicine)提供空间相关的路径,从而降低我国疾病负担,提升居民整体身心健康水平。预防医学强调运用卫生统计学和流行病学的研究方法,探究人群致病因素及作用规律,进而提出卫生防御措施和生活行为的改变路径,达到促进健康的目标。已有大量研究发现空间要素对健康的城乡环境和人群体力活动等具有显著影响。这表明健康的国土空间规划能够也应当成为预防人群疾病、促进大众健康的重要途径。

(3) 对规划方案开展健康影响评价,可提供规划方案的优化思路和原则,从而推动国土空间规划的健康导向,并为决策者提供方案选择和判断的依据。健康理念融入国土空间规划需要回归规划方案编制本身;通过明确编制内容和方法对健康的影响,提出预防或者减轻负面影响的方案,并促进方案产生积极健康影响。健康影响评价通过量化指标或者模型预测,以及对当地居民感知的定性判断,可以明确具体规划对策和措施,为优化规划方案提供清晰的健康导向路线。

4.2 健康影响评价在国土空间规划领域的实践进展

20 世纪八九十年代健康影响评价起源于欧美国家,其内涵、分析方法和应用范畴都得到了充分发展;面向公共政策或项目而开发的健康影响评价工具为相关评价工作的科学开展提供了技术支持。我国健康影响评价工作起步于 21 世纪初,且主要作为环境影响评价的一部分,评价内容、方法以及与政策体制的结合亟待拓展推进,相关实践工作有待工具方法的支持。

对于城市规划而言,全球范围内鲜有相关针对性的健康评估工具;而因其与行政体制的紧密结合以及自成体系等特征,健康影响评价工具的内容与形式应当具备更好的适应性,以促进评估的科学和实施的高效。

4.2.1 城市规划中健康影响评价的国外实践

从全球范围内来看,健康影响评价出现于 1980—1990 年的欧美国家。已有许多欧美国家在开展健康影响评价时关注到城市建成环境要素对特定疾病(肥胖、心脏病、心理疾病和肺癌等)患病风险的影响。健康影响评价早期可追溯到欧洲北部和澳大利亚推行的一些有关健康的公共政策以及一些大型基础设施对健康的影响。早期的健康影响评价主要在环境影响评价(environmental impact assessment,EIA)基础上展开,因此健康影响评价在一定程度上被认为是环境影响评估中健康问题的延伸和拓展。

健康影响评价在 20 世纪 90 年代的发达国家得到快速发展,并在全球范围进行了大量实践活动。例如,1990 年英国海外发展管理局发起了“利物浦健康影响计划(the Liverpool health impact program)”。1992 年,亚洲开发银行(Asian Development Bank,ADB)将健康影响评价作为环境影响评价的一部分对相关项目的健康问题展开评估。1993 年,加拿大英属哥伦比亚政府要求内阁提交意见时应附上健康影响评价报告。2000 年前后,美国旧金山也开展了海景猎人角社区的健康影响评价,并制定了健康城市愿景,选取要素和配套指标。从上述梳理可见,健康影响评价是一种与政策、规划决策相关的独立评估方法,并不总是与城市规划领域相关。

进入 21 世纪,全球健康影响评价实践蓬勃发展,其评价流程、评价方法和技术手段日趋成熟。因此，城市规划如何运用健康影响评价成熟的技术方法用以支撑决策，健康影响评价如何融入城市规划的体系以塑造更好的建成空间环境成为亟待解决的重要问题。

4.2.2 城市规划中健康影响评价工具的发展

20世纪八九十年代，伴随着健康影响评价实践的发展，欧美国家的相关部门开发了多个健康影响评价分析工具。例如，第一个健康影响评价工具(HIA toolkit)在1993年由加拿大英属哥伦比亚政府健康和老年人管理部门开发；美国旧金山公共健康部在2007年开发健康发展测度工具，致力于将公共健康与城市发展规划结合起来一起促成更高质量的社会和物质环境，达到改善健康的目标；明尼苏达大学开发的"为健康而设计(design for health)"旨在将公共健康与建成环境建立起联系，并通过健康影响评价将所关注的健康问题最终反映到城乡规划中。从上述梳理可见，早期的健康影响评价工具没有作为欧美国家城市规划相关部门制订规划方案或计划时必须使用的评估工具，但已有部分城市规划相关部门开展了健康影响评价工具的开发和实践应用。

在健康影响评价工具的分析内容方面，包含健康风险因素、人体暴露、健康相关或非相关政策、健康结果等众多主题。工具的研发主体涉及高校、科研机构、社会公益团体和商业开发公司等。健康影响评价工具具有明确的使用对象，包括规划师、咨询师、学术研究人员、疾病控制和预防机构、政府部门和非政府组织等不同背景和需求主体。目前应用健康影响评价工具的国家已经遍布全球，包括加拿大、丹麦、芬兰、德国、荷兰、新西兰、南非和美国等国家。

随着城市的发展进程，人们越来越认识到对公众健康和福祉进行投资的深远影响，而健康城市和健康影响评价的研究和工具将促进城市和私人资本在公共健康方面的高效投资，并推动相关政策的制定。特别是具有重要公共政策属性的城市规划，针对规划的健康影响评价将减少与社会经济条件相关的差异所造成的健康不公平问题。

欧美国家的健康影响评价工具并不专门为规划开发，规划师需要将其结构和数据本地化，对其进行改良，在规划设计的某些阶段进行介入。在城市规划中使用的健康影响评价工具的分析方法可分为定性和定量两类。定性分析的数据和结论一般不能运用到其他项目的健康影响评价之中；而定量分析的结果通常具有一定普适性。在数据存在局限性不足以完成定量分析，或定量分析得出的结果与现实差距较大时，应采用定性分析作为辅助。例如，在旧金山东部住宅区健康影响评价中，对当地的安全评估采用了基于犯罪数据的定量分析，但结论并不能反映当地居民的空间感受；为了挖掘统计数字背后所隐藏的社会意义，定性数据收集和分析方法都被纳入评估。

在梳理全球范围内多个典型健康影响评价工具后发现，在城市规划设计实践里使用的大部分健康影响评价工具同时包含定量与定性两类分析方法，互为补充。

(1) 定性分析方法：定性分析方法对把握当地的总体情况，尤其是对难以定量的社会要素如"感受""期望"等非常必要。健康影响评价中定性分析方法主要通过对专业人员的经验总结、现场踏勘、访谈等方式收集数据；内容包括描述健康现象、分析其可能产生的原因。

常见的定性分析方法有访谈法、专家打分法和矩阵分析等。例如亚特兰大环线再开发项目的健康影响评价运用了矩阵分析方法，对不同健康影响要素在不同方面的作用进行了定性评估。该项目健康影响评价还采用了专家打分的方法进行积分，以确定项目状况和健康水平。

(2) 定量分析方法:定量分析基于历史和现状的量化数据,通常在因果关系明确或暴露-反应关系经过验证的前提下使用,分析结果可确定受影响的人口数量。但是,样本量的大小、数据完整性、分析者能力在极大程度影响定量分析的结果。根据分析的内容和形式,在城市规划领域中运用的健康影响评价定量分析方法大致可分为评估量表法、评估模型法、预测模型法三类。

4.2.3 国内城市规划中健康影响评价的探索

相比于西方国家而言,我国健康影响评价工作还处在起步阶段,目前更多地作为环境影响评价的一部分。我国在 1979 年确立环境影响评价制度,2003 年实施的《中华人民共和国环境影响评价法》确立了环境影响评价的法律地位,并在 2005 年《环境影响评价技术导则——人体健康》中明确人体健康评价(human health assessment)为建设项目环境影响评价、区域评价和规划环境评价中用来鉴定、预测和评估拟建项目对于影响范围内特定人群的健康影响(包括有利和不利影响)的一系列评估方法的组合(包括定性与定量),成为我国健康影响评价先行指南。近年来,随着“健康中国”建设成为重要国家战略以及将“将健康融入所有政策”的积极开展,我国健康影响评价的理论和实践也在不断推进。

相比欧美国家,由于发展时间较短,我国健康影响评价在理论、方法、工具、实践以及制度构建等方面还存在较大差距。在评价内容方面,国内健康影响评价多针对政策和项目,更多集中于空气、水、声环境的健康影响评价,对规划方案的评估存在缺失。但相关专家和职能部门已逐渐认识到该类评估的重要意义,有部分研究和实践工作开展。比如,同济大学健康城市实验室针对闵行 15 号线开展了健康影响评价;又如江西省赣州市于都县人民政府对于都县贡江南岸景观工程建设规划方案的健康影响评价。但总体来说,相关评估理论和技术都未成熟,处在探索阶段。

在评估方法方面,多采用专家咨询法、文献研究法等定性分析方法,较少运用定量分析方法。评价流程主要包括筛选、范围界定、实施评估、报告和建议四个步骤,未能更好地和我国政策体制相衔接。总体而言,国内健康影响评价发展的阶段性特征导致政策、项目和规划方案等在制定和实施过程中缺乏对潜在健康影响的科学认知和考量,相关评估分析内容有待细化明确、分析方法和工具亟待探索开发。

4.2.4 国内应用实例

(1) 江西省赣州市于都县贡江南岸景观工程建设规划方案的健康影响评价:本案例为江西省赣州市于都县人民政府对本地重大工程项目规划项目开展的健康影响评价。该案例重点对工程项目实施过程中可能涉及的施工安全、环境污染及噪声以及道路安全等因素进行了评估,同时评价了项目规划对健康元素的设计考虑。

该案例指出针对当地重大工程项目的健康影响评价宜采取综合性手段。但是,鉴于健康影响评价人力技术、资源以及资金的有限,该案例采用综合性程度较低的评估方法进行快速评估。该案例主要采用了专家咨询法,组织各领域专家进行系列专题讨论。

(2) 上海轨道交通 15 号线闵行区段健康影响评价:本案例是针对城市重大交通建设项目的健康影响评价,由同济大学健康城市实验室所开展。该评估案例旨在将欧美健康影响评价方法应用到中国的具体建设项目的评价实践中,探索轨道交通项目带来的健康影响方式和水平,验证国外相关健康影响评价方法的可行性。

该案例的评估对象为上海轨道交通 15 号线闵行区内的 9 个站点,评估流程包括“筛选-

范围界定 - 影响评估 - 建议”四个步骤。本案例筛选健康影响评价的指标包括轨道站点的可达性、周边居民的身体活动习惯、城市环境状况三个方面；具体通过 GIS 缓冲区分析、健康经济测量工具等定量分析方法和文献分析等定性分析方法进行健康影响评价。

4.3　空间规划健康影响评价的理论、流程和方法

4.3.1　健康城市规划理论框架

健康城市规划是以“健康的城市规划”为方式方法和以“健康城市的规划”为目标本体的综合概念，实现建设健康城市目标就需要探究合适的规划机制方法。基于对大量相关实证研究文献的梳理分析，在我国国土空间规划体系中，健康城市规划应以“四要素三路径”作为基础理论框架，规划通过可以掌控的影响公共健康四大要素，经三个路径影响居民身心健康。四类要素包括：土地使用、空间形态、道路交通以及绿地和公共开放空间；提升居民身体和心理健康的三个规划优化路径包括：减少污染源及其人体暴露风险、促进体力活动和交往、提供可获得的健康设施（图 4-2）。

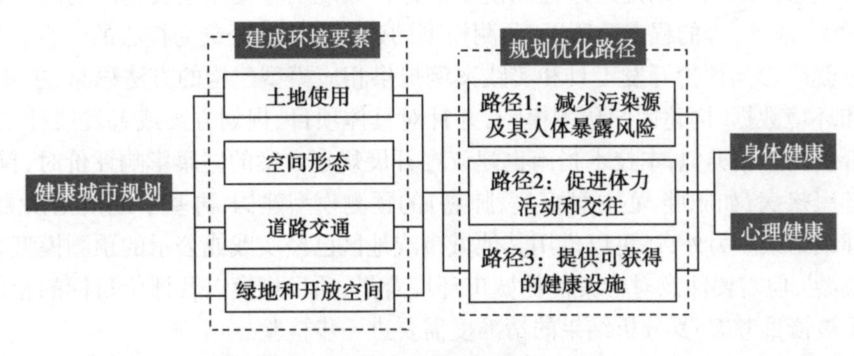

图 4-2　健康城市规划理论框架[35]

4.3.2　空间规划的健康影响评价理论框架

基于健康城市规划理论，本技术指南构建包含健康风险叠加、健康资源品质、健康要素公平和健康结果预测四个维度的健康影响评价理论模型，从健康影响的积极、消极和公平等视角，提供综合评价规划方案的健康影响的技术工具。

（1）健康风险叠加分析：该部分主要是通过分析规划方案中可能存在的消极健康影响要素，通过多图层叠加分析的方法，综合判定规划方案潜在的对居民健康不利的影响。已有许多研究证明建成环境对居民健康存在多样的消极影响；在开展该部分的分析工作时，最基础的工作便是明确各类污染源分布情况，并纳入对污染源可能产生影响的背景环境要素。通过对各类风险要素（包括用地、交通、市政等）与城市背景环境因素（如风场、温度、湿度）的叠加分析，综合评定规划方案的健康风险影响，识别高风险区域，并基于此提出相应的规划优化思路和方法。

（2）健康资源品质分析：对健康环境营造、健康活动促进等方面能够起到积极影响的规划要素都应在本部分被考虑到。“健康资源”主要包括公共服务设施和公共开放空间两类，其中公共服务设施包括医疗设施、体育设施、康养设施等；公共开放空间包括广场、公园等。该部分的分析以设施或空间的可达性以及服务水平评价为主，涉及到的分析方法可包括基于道路抗

矩的服务区分析、服务覆盖率等。另外,设施和空间的舒适度分析在微观层面的设计中也需要被考虑,从人群开展运动角度出发,考虑场所、景观设计对人使用空间感受的影响。

(3) 健康要素公平分析:健康公平是"以人为本"思想在健康城市规划与建设中的重要体现,这要求规划方案能够充分考虑人群空间分布的差异化特征,有针对性、更加精细化地布局健康要素。一般而言,健康公平的内容包括健康筹资公平性、健康服务公平性、健康结果公平性三个方面。其中,卫生服务利用公平是从可及性方面确认每个人都能公正平等地获得可利用的卫生服务资源。公共健康相关研究表明疾病多发于社会联系较少或处于较低社会阶层的群体中。因此,考虑不同特征人群的空间分布,并基于现状情况,预测规划时间内人口的空间分布变化;基于此,合理分析不同人群对于健康要素的需求,并开展空间布局规划。例如,开展针对不同等级规模的儿童医疗设施与服务范围内居住人口中儿童数量的匹配程度分析;利用多元数据(如手机信令)分析区域内流动人口规模,分析健身步道里程是否共同满足常住居民和流动人口的使用需求。

(4) 健康结果预测分析:上述三个部分都是从健康的不同视角开展评价工作,而针对规划方案的健康结果预测则是通过预测模型估计在该规划方案完全实施的情况下,可能产生的疾病发生(或死亡)的程度。所以,预测模型的建构是该部分最为核心的内容。目前,国外已有部分健康影响评价开发工具和实践案例提供相应模型建构的方法思路,主要是通过本地健康和环境数据,构建回归预测模型,并针对具体项目、规划方案或者发展计划开展健康影响评价预测。相类似,本技术指南也建议在开展规划方案的健康影响评价时,首先开展本地特定健康疾病(如肥胖、心血管疾病、肺癌)的预测模型建构,再基于此模型预测方案可能带来的健康结果。另外,还可以借用其他城市或地区已经实践或公示的预测模型(如多元线性回归模型),但需要注意对标案例的城市环境背景、项目规模以及评价目标的相似性;这种方法需要被慎重考虑,其分析结果的精准度需要进一步检验。

4.3.3 评价程序:准备 - 评价 - 方案优化 - 再评价 - 方案确定

为了更好地将健康融入规划方案编制,健康影响评价应贯穿其全过程。基于世界卫生组织所提出的健康影响评价五个步骤,针对规划编制的流程特点,本技术指南提出面向规划方案的健康影响评价程序,即"准备 - 评估 - 方案优化 - 再评估 - 方案确定"五大阶段。在筛选和界定评估对象之后,开展方案初评估能明确方案优化的方向与重点,再评估和"优化 - 评估"循环过程则是为了保障方案能够达到预设的健康影响目标。

(1) 评估准备阶段:该阶段包含两个具体步骤:对象筛选和内容界定。首先,需要对规划编制方案进行初步的判断,明确健康目标是否对于方案具有重要意义,以确定是否要开展健康影响评价。在确定编制方案需要进行健康影响评价后,进一步明确规划方案属于本技术指南中定义的哪种规划类型、处在哪种规划空间层级,需要开展哪些维度的健康影响评价工作,同时基于规划方案的信息基础,选取哪些评价指标和评价方法。

(2) 评估阶段:从三大维度(健康风险叠加分析、健康资源品质分析和健康要素公平分析)综合开展规划编制方案的健康影响评价,形成综合评价结果;针对评价量表,对健康影响指标进行分析,评价健康影响程度,或预测可能出现的健康影响结果(特定疾病),明确存在问题并提出相应方案调整的重点区域、内容(指标)和方法。

(3) 方案优化阶段:针对评价结果中明确存在健康影响的指标以及识别出存在健康问题的重点区域,根据相关导则建议、指标调控原则明确具体优化路径和措施,开展方案优化工作。

⑷ 再评估阶段：针对优化后的规划方案，再开展健康影响评价工作，以再次检验新方案的健康综合效应。

⑸ 方案确定阶段：通过方案的再次健康影响评价，如果评价结果较好，规划编制方案就可以被确定，认为是一个具有积极健康促进作用的规划方案；如果评价结果不佳，就需要继续优化健康影响评价中所明确存在"健康问题"的地方，直至符合规划中设定的公共健康目标。

4.3.4　评价方法：评价量表、评价模型与预测模型

面向空间规划编制方案的健康影响评价方法大致可以分为三类，即评价量表、评价模型与预测模型。健康风险叠加分析主要采用评价量表法，健康资源品质分析综合采用评价量表法和评价模型法，健康公平分析主要采用评价模型法，而健康结果预测分析则是采用预测模型法。

⑴ 评价量表：针对不同类型规划方案，评价量表涵盖健康风险叠加、健康资源品质和健康要素公平三个维度，可根据评价方案特点和基础数据获取情况建构评价量表；通过分维、分项地分析相关健康影响指标，明确存在"健康问题"的指标，并通过评价指标内在规划含义，开展相关规划优化。

⑵ 评价模型：评价模型是指通过利用相关公共健康机构研发的健康影响评价模型，分析评估规划方案可能造成的经济、环境或社会影响。这些模型常通过医疗成本、死亡风险、环境污染指标以表征健康影响程度。综合考虑模型工具的成熟度和我国规划编制方案特点，本技术指南借鉴世界卫生组织公布的健康经济测量工具（health economic assessment tools，HEAT）作为空间规划编制方案的健康影响评价模型工作。

HEAT 工具是 2007 年世界卫生组织欧洲区开发的定量评估模型，该评估平台至今仍在改良。该工具不直接评价建成环境要素的结果，而是估算项目和政策对居民死亡率的影响，进而推算出因减少医疗开支和劳动力损失而产生的经济效益。在城乡规划中可以通过对人口指标的预估，支持政策决策与制定，开发项目策划和规划方案比较。

HEAT 模型通过输入预期新增慢行人口数量和每人每日出行时间的均值，计算体力活动效益、空气污染暴露风险、交通事故风险、碳排放减少四项指标，得到死亡率影响，并且通过货币化的方法量化其经济效益。

⑶ 预测模型：预测模型将被使用于本技术指南的健康结果预测分析。预测模型可以采用具有相似背景城市的特定健康结果预测模型，更科学合理的是基于本土健康数据开展基础分析，构建分析城市的预测模型，再针对规划编制方案开展预测工作。前者预测路径关键在于选择合适对标城市的预测模型，后者预测路径关键基础数据库的完整性以及指标体系的合理建构。基于对以往研究的总结，健康结果建议重点考虑呼吸健康（如肺癌）、肥胖、心血管疾病和 2 型糖尿病这几种类型。

4.4　规划方案的健康影响评价技术方法

本技术指南将针对规划区、片区和街坊三个空间尺度的规划编制方案，从技术步骤和评价内容、方法等方面，从宏观层面详细论述评价工作的开展。

4.4.1　评估关键技术

本层面的健康影响评价包含五个评价程序上的步骤：基础数据整理、分析单元划定、

评价模型和预测模型选取、分析结果区域划定以及评价结果的规划应对等多个关键技术环节。

(1) 基础数据准备：健康影响评价所需的基础数据主要来源于规划方案和文本。通常情况下需要整理的数据包括规划编制方案中的土地使用数据（规划用地布局、用地性质）、道路网络数据（道路中心线、慢行道路线路、道路等级信息、匝道口、隧道口）、绿地和开放空间数据（绿地和广场分布、绿地性质、等级规模），以及空间形态数据（地块建筑密度、容积率、平均建筑高度）。另外，包括社会数据（不同年龄和职业人口空间分布）、环境数据（空气、土壤、水体、噪声）和污染报告数据（如工业污染排放信息、餐饮污染排放记录等）在内的背景数据也应被尽量收集。

(2) 分析单元空间划定：空间分析单元是开展四个维度健康影响评价的基础。总体而言，可以采用栅格分析单元和矢量分析单元。其中，根据评价方案所处的空间层面，建议合理采用栅格分析尺度；矢量分析单元建议基于行政区划单元（如城区、街道、居委会）开展，因为它们往往是社会经济属性相关数据的统计口径单元。

(3) 评价模型和预测模型和选取：评价模型主要用于健康资源品质分析和健康要素公平分析两个部分。建议宏观层面的规划编制方案在开展健康资源品质分析时，采用 HEAT 工具和问卷意愿调查工具，健康要素公平分析时采用基尼系数和份额指数分析方法。

预测模型建议采用回归模型，通过构建本土特定疾病的多元线性回归模型或者遴选相似案例城市（地区）的预测模型开展健康结果的预测工作。

(4) 分析结果区域划定：明确不同评估内容下的健康风险高聚类区域、健康资源品质和健康要素公平低聚类区域，可以通过 Arcgis 中的空间聚类分析工具实现。

(5) 评价结果的规划应对：评价结果能从规划方案整体层面和空间具体层面评定方案可能带来的健康影响情况。针对规划方案整体层面的评价结果，规划编制人员可以从重点指标出发，通盘考虑通过规划方案调整优化调节指标，以符合基础健康基线的目标。针对空间具体层面评定结果，规划编制者可以重点考虑存在“健康问题”较为显著的区域，通过方案调整降低这些区域未来可能出现的健康风险（health risk）。

4.4.2 评价内容与方法

(1) 健康风险叠加分析：具体思路包括：①明确规划方案中的健康风险要素。针对不同类型规划方案，明确健康风险叠加分析重要考虑的要素。②针对不同健康风险要素合理划定多级缓冲区，并对缓冲区赋风险影响值。③基于人在城市空间中活动时的高度，开展风环境、热岛环境和湿度环境模拟分析。④基于各栅格单元，统一汇总风险要素影响。⑤通过空间集聚特征分析，识别存在较高健康风险区域，明确区域优化的优先级别。

(2) 健康资源品质分析：该层面规划方案的健康资源品质分析从设施可达性和体力活动两个方面开展。大概包括以下几个步骤：

1) 首先明确分析的健康品质要素：设施可达性维度包括体育设施、公园绿地、医疗设施、慢行道路、社区活动中心和城市广场，采用评价指标进行分析；体力活动维度包括慢行道路和其他体育活动设施（如社区体育器材），采用评价模型（HEAT 工具）进行分析。

2) 统计基础数据：基于规划文本、规划方案和问卷调查数据，通过 Arcgis 划定多级缓冲区或服务区统计健康品质要素的规模数据。

3）分析得到健康品质要素评价指标：设施可达性方面包括服务居民占比和空间服务覆盖率两个指标；体力活动方面包括避免过早死亡人数、健康经济效应和意愿运动时长变化。

4）评定健康品质要素的积极影响程度：服务居民占比和空间服务覆盖率根据缓冲区大小不同而评定基线不一，避免过早死亡人数、健康经济效应则是数值越大越佳。

⑶ 健康要素公平分析：参考唐子来和王兰等人的研究，本部分采用基尼系数和份额指数模型分析宏观层面规划方案的健康公平特征。考虑健康要素公平分析通常要使用到人口属性数据，所以建议开展规划方案的健康要素公平分析时采用街道或居委会作为分析的空间统计单元。健康要素公平性分析需要考虑的设施主要包括体育、医疗、公园绿地、养老设施四类。

⑷ 健康结果预测分析：健康结果预测建议将一些慢性非传染性疾病作为分析重点类型，包括呼吸系统疾病、肥胖、心血管疾病、糖尿病等。本指南建议基于本土健康基础数据构建回归分析模型，以预测规划编制方案可能带来的健康影响。

4.5　参考案例：上海市黄浦区局部地区规划

针对城市现状空间环境的健康影响评价在方法和流程上与规划方案的评估基本一致，故本指南以上海市黄浦区及其局部地区为例，开展相关方法的实践探索，包括健康风险叠加分析和优化设计、健康资源品质分析和优化设计。该评价实践案例属于宏观层面的片区城市设计类型，研究结果可为城市更新提供一定健康导向的规划思路。

4.5.1　健康风险叠加分析

本次健康导向城市设计中的健康风险叠加分析主要将黄浦区的污染源现状分布、风环境模拟和特定疾病分布进行了叠加。

首先根据黄浦区环境监测数据，确定了污染源位置和类型（图 4-3）；同时实地采集不同类型用地的空气颗粒物，确定浓度并检测成分。其次建立了黄浦区城区和街区两种空间尺度的模型，分析风场分布均匀性和风速舒适性（图 4-4）。最后在叠加分析中，纳入了特定呼吸系统疾病地图，确定其高发区域，结合污染源分布和风环境情况，划定需优化设计的重点区域。

结合特定呼吸系统疾病地图（图 4-5），本设计将污染源的分布、风环境模拟结果和疾病病患分布地图进行叠加，将污染源 300m 影响区、静风区和疾病高发的地区划定为城市设计中亟需进行优化设计的区域（图 4-6）。

主要优化建议：在健康风险叠加分析的基础上，本设计从减少污染源及其人体暴露的设计路径入手，针对研究范围内主要存在的商业服务类污染源进行调整。具体包括对居民生活来说不可或缺的洗衣店与餐厅，建议调整到风环境较好的区域，并且在商业设施和居住用地之间设置有防护功能的绿化，减少污染对健康的影响。针对露天的垃圾堆放点，建议增设垃圾回收站。同时，为了减少尾气污染对道路两侧步行和骑行的居民的影响，建议在机动车道两侧设置有防护功能的绿化，发挥滞尘作用，根据道路宽度、人行空间大小、车流量大小，采用阔叶乔木、灌木、草坪混合配置。

4.5.2　健康资源品质分析

健康资源品质分析主要包含公共服务设施和公共开放空间的可达性和舒适度。

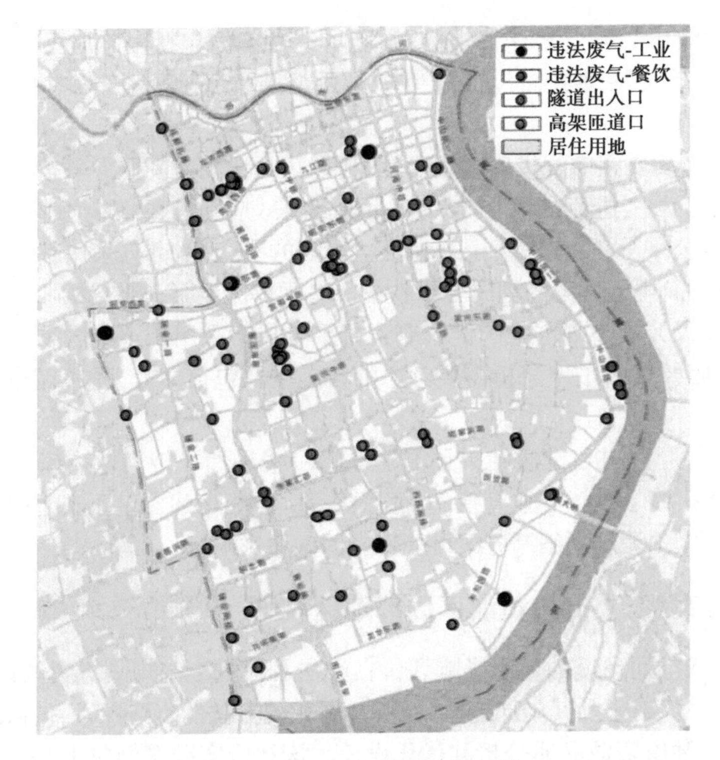

图 4-3　黄浦区污染源分布图 [35]

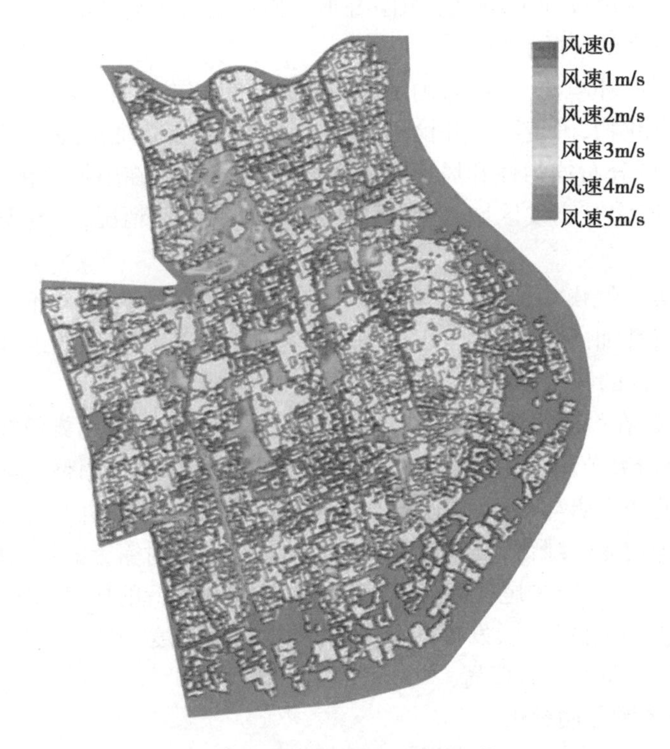

图 4-4　黄浦区风环境分析结果 [35]

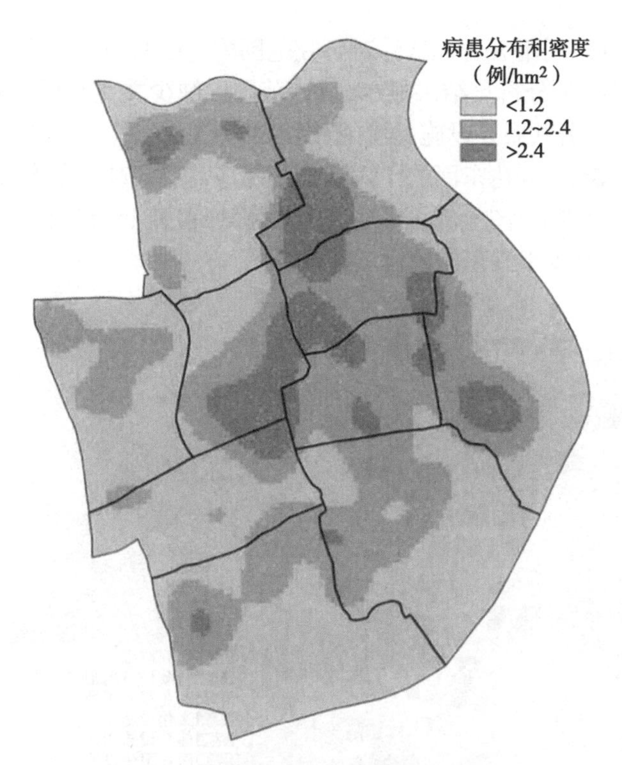

图 4-5　呼吸系统疾病和密度分布图[35]

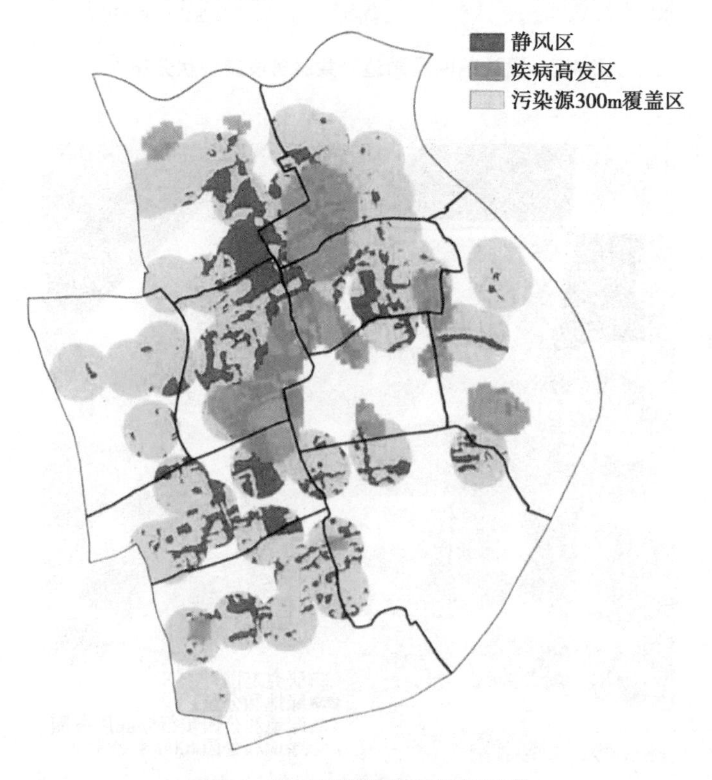

图 4-6　健康风险叠加分析结果[35]

在可达性分析方面，利用 Arcgis 软件对研究范围内的公共服务设施、公共绿地和公共交通站点的服务覆盖进行了分析。结果显示，设计范围内缺少文化娱乐设施、体育设施、医疗卫生设施等重要的社区公共服务设施；设计范围南部不在公共绿地的 5 分钟步行圈内，且公共绿地的可达性普遍较低，到达东面的十六铺公共绿地需要穿越两条宽阔的马路，到达古城公园和豫园都需要绕过围墙（图 4-7、图 4-8）。但是基地周边现设有较多公共交通站点，有利于居民使用公共交通，减少小汽车的使用。

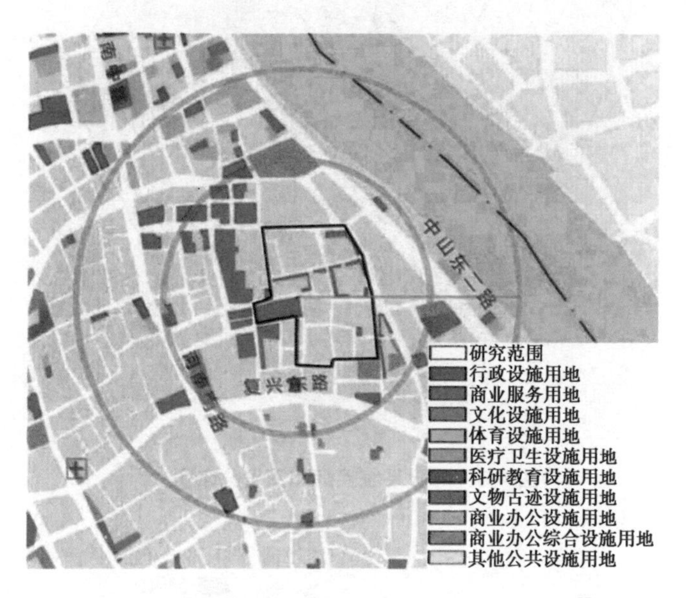

图 4-7 设计范围及周边公共服务设施现状分布 [35]

图 4-8 研究范围及周边公共绿地现状分布 [35]

在舒适度分析方面，本次设计中对公园的开放时间、公园功能和使用人群进行了调研，发现仅有古城公园能够满足居民部分的健康需求，大部分公园以休闲为主，缺少健身场地与设施。现有的自行车道和步行道均与机动车道合并设置，缺乏有防护功能的绿化，不适宜骑行与步行。

主要优化建议：针对公共服务设施和公共开放空间可达性不足的问题，本设计建议新增社区服务、医疗卫生、文化娱乐、室内外健身等设施和公园绿地，并在其选址中考虑对局部风环境的影响和是否造成污染。

在公共开放空间舒适性的优化方面，本设计考虑了居民的空间使用习惯、不同居民行为偏好以及空间断面的丰富化设计等内容。

4.6　小结：理论模型与核心技术

通过对国内外健康影响评价内涵、工具和应用的梳理分析，本指南提出面向特定空间范围内规划编制方案的健康影响评价的理论体系；并从宏观层面和微观层面，详细论述规划编制方案的健康影响评价流程、评价指标以及具体的评价方法，并图文并茂地通过案例展示具体评价过程。具体而言，理论模型包括健康风险叠加分析、健康资源品质分析、健康要素公平分析和健康结果预测分析四个部分；核心技术主要是指支撑四大分析维度的三类评估方法。

4.6.1　面向空间规划编制的健康影响评价理论框架

空间规划编制方案对公众健康会产生潜在影响，这些影响有积极方面也有消极方面；同时，还需要将社会背景纳入考量，并积极开展针对健康疾病的直接预测。因此，本指南构建了面向空间规划编制的健康影响评价理论模型，包含健康风险叠加分析、健康资源品质分析、健康要素公平分析和健康结果预测分析四个部分。其中，健康风险叠加分析通过叠合规划方案中的风险要素、背景环境要素和社会经济要素，综合评估健康风险；健康资源品质分析主要通过分析与健康相关的公共服务设施和公共开放空间，探究它们的可达性水平以及对居民体力活动、经济效益可能带来的积极影响；健康要素公平分析则是考虑不同特征人群空间分布上的差异特征，开展健康设施空间布局公平程度的评价；健康结果预测旨在通过采用合适的数理模型，预测方案可能产生的健康结果，进而提出优化建议。

4.6.2　面向空间规划编制的健康影响评价核心技术

面向空间规划编制方案的健康影响评价方法大致可以分为评价量表、评价模型与预测模型三类。健康风险叠加分析主要采用评价量表法，健康资源品质分析综合采用评价量表法和评价模型法，健康公平分析主要采用评价模型法，而健康结果预测分析则是采用预测模型法。其中，评价量表法通过分维、分项地分析相关健康影响指标，并采用可视化方式，明确存在问题的指标和重点区域，进而提出规划方案优化建议；评价模型是基于健康影响模型，分析健康相关表征指标，如经济、环境、居民体力活动、死亡情况等；预测模型则是通过使用类似案例城市的预测模型，或者构建评估项目所在城市的预测模型，开展特定健康结果的预测分析。评估过程中存在的空间单元划定、模型选择和结果分析解析等技术问题可参照本指南中提到的技术流程、评价内容和方法予以解决。

公众健康是国土空间规划的重要目标和价值取向，健康影响评价将为促进健康城市的规划与建设。本指南旨在为规划编制方案的设计者、规划管理者和健康影响评价专业人员提供理论和实践参考，相关内容有待随着国土空间规划体系和内容的持续完善而优化或增补。

（感谢同济大学建筑与城市规划学院 健康城市实验室 博士生：顾浩、张雅兰；硕士生：杜怡锐、周楷宸 在撰写过程中的支持）

（撰 写 王 兰 蒋希冀 蒋放芳 李潇天；
审 核 徐 勇 李星明 王 兰）

参考文献

[1] Barnes R, Scott-Samuel A. Health Impact Assessment A Ten Minute Guide [J]. Samuel, 2000.
[2] Bhatia R, Seto E. Quantitative Estimation in Health Impact Assessment: Opportunities and Challenges [J]. Environmental Impact Assessment Review, 2011, 31(3): 301-309.
[3] 程希平. 森林，有关人类健康的九大功能[J]. 森林与人类，2015(9): 28-33.
[4] Corburn J. Toward the Healthy City: People, Places, and the Politics of Urban Planning [M]. Mit Press, 2009.
[5] 丁国胜，蔡娟. 公共健康与城乡规划——健康影响评估及城乡规划健康影响评估工具探讨[J]. 城市规划学刊，2013(5): 48-55.
[6] orsyth A, Slotterback C S, Krizek K. Health Impact Assessment(HIA) for Planners: What Tools Are Useful? [J]. Journal of Planning Literature, 2010, 24(3): 231-245.
[7] 傅华. 预防医学. 7 版[M]. 北京：人民卫生出版社，2018.
[8] 高建民，杨金娟. 健康公平性概述[J]. 卫生经济研究，2014(10): 51-54.
[9] 贺刚，黄雅君，王香生，等. 香港儿童体力活动与住所周围建成环境：应用 GIS 的初步研究[J]. 中国运动医学杂志，2015, 34(5): 431-436.
[10] Hertzpicciotto I. Epidemiology and Quantitative Risk Assessment: A Bridge from Science to Policy. [J]. American Journal of Public Health, 1995, 85(4): 484-91.
[11] Horton M B. Department of Public Health [M]// Manual of public health: Hygiene/. E. & S. Livingstone, 2010: 760.
[12] 黄正. 我国建设项目健康影响评价的问题与对策[D]. 武汉：华中科技大学，2011.
[13] Li C, Wang Z, Li B, et al. Investigating the relationship between air pollution variation and urban form [J]. Building and Environment, 2019, 147: 559-568.
[14] 李敏. 对健康公平性及其影响因素的研究[J]. 中国卫生事业管理，2005, 21(9): 516-518.
[15] 李煜，王岳颐. 城市设计中健康影响评估(HIA)方法的应用——14 特兰大公园链为例[J]. 城市设计，2016(6): 80-87.
[16] Lindheim R, Syme S L. Environments, People, and Health [J]. Annual Review of Public Health, 1983, 4(1): 335-359.
[17] Liu Y P, Wu J G, and Yu D Y. Characterizing Spatiotemporal Patterns of Air Pollution in China: A Multiscale Landscape Approach [J]. Ecological Indicators, 2017, 76: 344-356.
[18] Łowicki D. Landscape Pattern as an Indicator of Urban Air Pollution of Particulate Matter in Poland [J]. Ecological Indicators, 2018, 97: 17-24.
[19] 鲁斐栋，谭少华. 建成环境对体力活动的影响研究：进展与思考[J]. 国际城市规划，2015, 30(2): 62-70.
[20] 中国健康教育中心. 健康影响评价理论与实践研究[M]. 北京：中国环境出版集团 .2019.
[21] Mindell J, Hansell A, Morrison D, et al. What Do We Need for Robust, Quantitative Health Impact

Assessment? [J]. Journal of Public Health Medicine, 2001, 23 (3): 173-178.

[22] MINDELL J, JOFFE M. Health Impact Assessment in Relation to Other Forms of Impact Assessment [J]. Journal of PublicHealth, 2003, 25 (2): 107-112.

[23] Mitchell R, Popham F. Effect of Exposure to Natural Environment on Health Inequalities: An Observational Population Study [J]. The Lancet, 2008, 372 (9650): 1655-1660.

[24] Naughton Owen, Donnelly Aoife, Nolan Paul, et al.A Land Use Regression Model for Explaining Spatial Variation in Air Pollution Levels Using a Wind Sector Based Approach [J].Science of The Total Environment, 630: 1324-1334.

[25] O'Connell E, Hurley F, Metcalfe O, et al. A Review of the Strengths and Weaknesses of Quantitative Methods Used in Health Impact Assessment [J]. Public Health, 2009, 123 (4): 306-310.

[26] OMS. Towards Healthy Cities: Proceedings of the International Conference on Healthy Cities [J]. Cidade Saudável, 1997.

[27] Saelens B E, Sallis J F, Black J B, et al. Neighborhood-Based Differences in Physical Activity: An Environment Scale Evaluation [J]. American Journal of Public Health, 2003, 93 (9): 1552-1558.

[28] Sallis J F, Conway T L, Cain K L, et al. Neighborhood Built Environment and Socioeconomic Status in Relation to Physical Activity, Sedentary Behavior, and Weight Status of Adolescents [J]. Preventive Medicine, 2018.

[29] Solbraa A K, Anderssen S A, Holme I M, et al. The Built Environment Correlates of Objectively Measured Physical Activity in Norwegian Adults: A Cross-Sectional Study [J]. Journal of Sport and Health Science, 2017.

[30] Song W Z, Jia H F, Li Z L. et al. Detecting Urban Land-use Configuration Effects on NO_2 and NO Variations Using Geographically Weighted Land Use Regression [J]. Atmospheric Environment, 2018, 197: 166-176.

[31] on Yeongkwon, Osornio Vargas Alvaro, O'Neill Marie.Land Use Regression Models to Assess Air Pollution Exposure in Mexico City Using Finer Spatial and Temporal Input Parameters [J]. Science of the Total Environment, 2018, 639: 40-48.

[32] 唐子来,顾姝 . 上海市中心城区公共绿地分布的社会绩效评价:从地域公平到社会公平[J]. 城市规划学刊,2015, (2):48-56.

[33] 唐子来,顾姝 . 再议上海市中心城区公共绿地分布的社会绩效评价:从社会公平到社会正义[J]. 城市规划学刊,2016, (1):15-21.

[34] Veerman J L, Barendregt J J, Mackenbach J P. Quantitative Health Impact Assessment: Current Practice and Future Directions [J]. Journal of Epidemiology & Community Health, 2005, 59 (5): 361-370.

[35] 王兰 . 健康城市规划:回归与提升[M]// 孙施文 . 中国城市规划学会学术成果:品质规划 . 北京:中国建筑工业出版社,2018.

[36] 王兰,孙文尧,古佳玉 . 健康导向城市设计的方法建构及实践探索——以上海市黄浦区为例[J]. 城市规划学刊,2018 (5):71-79.

[37] 王兰,周楷宸 . 健康公平视角下社区体育设施分布绩效评价——以上海市中心城区为例[J]. 西部人居环境学刊,2019 (2):1-7.

[38] Wilson PWF, D'Agostino RB, Levy D, et al. Prediction of coronary heart disease using risk factor categories[J]. Circulation, 1998, 97 (18): 1837-1847.

[39] 张雪飞 . 预防医学 . 第 9 版[M]. 北京:中国中医药出版社,2012.

[40] 张莹,翁锡全 . 建成环境、体力活动与健康关系研究的过去、现在和将来[J]. 体育与科学,2014 (1):30-34.

[41] 周海川 . 空气质量与公共健康:以森林吸收烟粉尘为例[J]. 林业科学,2017, 53 (8):120-131.

5 道路交通健康影响评价技术指南及参考案例

交通发展推动着社会进步,为人类生产生活提供便利。当交通运输网络扩张后,会对健康产生一系列的影响。世界卫生组织(World Health Organization,WHO)证实道路及高速公路有关的影响有两类:一种是道路建设施工阶段临时的影响,还有一种是道路存在期间长久的影响。

自2000年起,欧美开始广泛将健康影响评价运用于道路交通实践中,如英国伦敦交通战略草案、英国爱丁堡交通规划、美国亚特兰大市环线复兴项目、美国费城下南区开发项目等城市开发项目。国内既往独立开展道路交通健康影响评价的实践较少,大多是在城市建设规划有所涉及,或者针对局部工程进行评价。2017年以来,同济大学健康城市实验室对上海市轨道交通15号线闵行区段实施的健康影响评价,亚洲开发银行(简称"亚行",Asian Development Bank,ADB)在其支持的快速公交系统(Bus Rapid Transit,BRT)建设所开展的健康影响评价,均对探索道路交通健康影响评价的方法路径提供了参考。

本部分技术指南是基于健康影响评价的理论框架、政府部门公共政策健康影响评价操作手册和国内外道路交通领域健康影响评价的实践三个方面进行总结梳理。

5.1 道路交通的健康影响评价现状

进入21世纪以后,随着机动车辆的普及,道路交通对人类健康的影响日渐重大,因此越来越多的研究者开始关注道路交通对于公共健康的影响。这些研究的深化和细化为健康影响评价提供了理论基础,世界卫生组织对健康影响评价研究的成果为道路交通健康影响评价研究提供了研究方向。

5.1.1 国外道路交通健康影响评价现状

2000年左右在欧洲首先掀起了对道路交通健康影响评价研究的热潮,这类研究以城市某项综合交通或发展战略为主。如英国利物浦对自行车发展规划进行定性评价,首次确定了交通影响评价的指标选取原则,并确定了指标库和受影响人群库。2003年爱丁堡开展了慢行交通发展战略的定性评价,并且提出了"慢行交通"的概念。"慢行交通系统"指的是把步行、自行车等慢速出行方式作为城市交通的主体,引导居民采用"步行+公交"的出行方式来缓解交通拥堵现状,减少汽车尾气污染,从而营造舒适、安全、便捷、清洁、宁静的城市环境。通过对评价对象的跟踪调查发现健康影响评价实践可以帮助决策实现更大的健康收益。

2009年,根据健康影响评价在其他领域里获得的经验,英国健康影响评价专家Woodcock为主导的一些学者综合空气污染、交通、经济等多学科学者的合作研究,建立了对交通的定量评价方法并探讨各个影响因素对于健康的影响大小。该研究以空气污染、交通事故伤亡以及慢行交通所带来的运动量为影响因素,以伤残生命调整年为研究指标对英国伦敦和印度新德里的四个假设的慢行交通案例进行了健康影响评价(每个城市两个案例),最终得出在发展中国家发展慢行交通的健康收益大于在发达国家发展慢行交通,以及发展慢行交通所产生的增加出行者运动量的健康收益大于增加慢行交通所带来的交通事故以及慢行交通出行者空气污染吸入量增加所带来的危害的结论。

为了支持更倾向于积极交通出行模式的决策,世界卫生组织设计了“健康经济测量工具(Health Economic Assessment Tools,HEAT)”,这一线上工具主要用于估计步行和骑行所带来的死亡率减少。如 2011 年,Sustrans 利用 HEAT 估计了英国现有步行和骑行的水平能减少 144 例死亡,从而为国家减少 1.56 亿的健康支出。

2012 年,Woodcock 等人在前述研究基础上对交通伤亡、空气污染以及出行预测方法进行了改进,提出了“综合交通健康影响模型(Integrated Transport and Health Impact Modelling Tool,ITHIM)”,对英格兰和威尔士的慢行交通规划进行了健康影响评价,并且探讨了伦敦共享单车项目对不同性别、不同年龄段人群所造成的不同健康影响。

国外交通健康影响评价的评价对象多为宏观政策,研究对象基本为覆盖整个城市的慢行交通发展战略以及规划,评价范围大多是整个城市,绝大多数研究的结果均为发展慢行交通对提高出行者日均运动量的健康收益远大于增加空气污染物吸入以及增加交通事故风险所带来的负面效果。

5.1.2 国内道路交通健康影响评价现状

与国外成熟健康影响评价机制不同的是,我国尚未将健康影响评价运用到整个城市交通规划实践中。国内交通健康影响评价对象较为微观和精细。大多是对交通的某个局部工程或者设施开展评价,评价范围多为一条轨道交通线路或者一段施工场地,多因素、规划性评价尚在探索之中。

我国道路交通领域健康影响评价方法采用了国际主流的健康影响定量评价方法。如王逸欣运用排放因子法以及吸入因子法对河南交通行业污染物排放进行了分析并以社会成本的形式得出了健康影响的大小。刘明辉以基尼系数以及区位熵对武汉市公共交通分布进行了分析。江海燕等人使用区位熵为衡量标准对交通系统可达性和公平性进行了分析。而罗能生等人则建立了模型对公平性和收入差距的关系进行了探讨。

王兰等人运用定量和定性相结合的方法对上海轨道交通 15 号线闵行区段开展了健康影响评价,从对公共交通的可达性、身体活动习惯、环境状况的影响开展评估,对局部交通影响提出针对性干预措施。亚洲开发银行在中国资助的快速公交系统建设之前均组织相关专家开展了健康影响评价,为我国探索开展道路交通健康影响评价方法和路径提供了借鉴。

5.2 道路交通健康影响评价流程

按照世界卫生组织对健康影响评价的核心流程推荐和国内外实践,尤其是亚洲开发银行项目实践,道路交通健康影响评价具体实施步骤包括:前期准备、筛选、范围界定、评估、报告与建议五个部分。

5.2.1 前期准备

(1) 组建健康影响评价专家组:专家组成员来自于交通、环保、城建、卫生等领域。

(2) 明确实施主体,确定评价对象的具体定义及范围:评价对象不仅局限于对已建成或投入使用交通设施的健康影响评价,还应包括交通道路规划与建设项目(预防性评价)、交通管理政策法规的健康影响评价。

(3) 提交申请:在实施健康影响评价之前,向健康(促进)委员会提交备案申请。

在交通部门项目建设中,健康影响评价工作可以在项目可行性研究的同时进行,并纳入项目可行性研究报告之中。

5.2.2 筛选

道路交通项目的规划和实施分为不同的时期,如交通项目施工前期(交通部门的计划、规划评估)、交通项目施工期、交通项目使用运行期。不同时期需要考虑的健康影响问题和健康影响评价的侧重点、方法也不一样(表 5-1)。

对于道路交通项目健康影响因素的确定,要根据客观实际情况进行综合考量。基于表 3-4 健康决定因素清单(示例)、表 5-1 及亚洲开发银行针对道路交通项目健康影响评价的经验,表 5-2 列出了道路交通健康影响因素清单及相对应的干预措施及预期影响。

根据道路交通健康影响因素清单(表 5-2)和筛选清单(表 3-5),参考健康影响评价指标体系,快速判定道路交通相关政策及项目影响人群健康的可能性,决定是否有必要实施健康影响评价。

筛选的结论可有两种:

(1) 没有必要实施健康影响评价。此种情况下,完成筛选意见汇总表(表 3-6)并提交备案,反馈政策拟订部门,按照政策制订既定流程继续。

(2) 有必要实施健康影响评价。完成筛选意见汇总表(表 3-6),进入下一步:范围界定。

5.2.3 范围界定

(1) 确定健康影响评价的等级:健康影响评价包括简单的健康影响评价和更为深入的健康影响评价两个等级,分别采用快速评估形式和综合性健康影响评价形式进行。表 5-3 列出了范围界定清单的评价等级,供选择评估工具选择。

根据范围界定清单(表 5-3),从拟订政策的紧迫性、影响、利益以及可用资源等方面界定健康影响评价需要优先考虑的问题,判断健康影响评价的等级并选择相应的评价方法。

(2) 确定健康影响评价优先考虑的因素:基于表 5-2,健康影响评价专家工作组对照表 5-4 所列参考事项进行思考并简单陈述理由;最后综合各项因素,通过讨论确定健康影响评价需要优先考虑的因素。

5.2.4 实施评估

根据范围界定阶段所选择的评估等级,参照表 3-8 选择适宜的评估方法和工具,收集信息,实施评估。

简单的健康影响评价,由健康影响评价专家工作组选择定性评估工具,在 5 个工作日内完成。更为深入的健康影响评价,由健康影响评价专家工作组及相关委托专业机构选择定性与定量相结合评估工具,在 3 个月内完成。

5.2.5 报告与建议

在完成对拟订政策的健康影响评价后,专家组需要撰写报告与建议,并提交健康(促进)委员会办公室。

报告与建议的内容及形式,参见第二部分政府部门公共政策健康影响评价操作手册相关部分内容。

表 5-1　不同时期道路交通项目健康影响评价的内容及方法

分期	评价类型	健康影响评价侧重点	主要考虑的问题		方法
施工前期	形成性评价	在城市环境保护、减少居民交通意外伤害、改善宜居健身环境等方面可能产生的影响	① 健康部门是否意识到施工可能带来的健康影响？卫生专业技术人员是否有能力意识到治疗相关疾病？项目是否包含公共健康管理者哨点监测的培训，以评估人群是否在危险暴露水平？ ② 在施工阶段，是否有措施来保护敏感人群避免噪声和灰尘？	在管理层面主要涉及以下几个方面的问题需要考虑： ① 道路交通部门是否设立了道路安全和安全意识项目？公共部门和非政府组织是否参与？ ② 地方是否有空气质量监控？ ③ 是否有一个常设小组协调制订道路安全计划和实施相关措施，以确保道路的有效安全使用	立项讨论； 论证材料； 根据情况增加居民民意或需求调查
施工期	过程评价	工程过程中如何贯彻城市环境保护、减少居民交通意外伤害、改善宜居健身环境等方面理念而采取的行动内容。甚至包括防尘降噪等具体举措	③ 在施工阶段，工人是否有医疗支持的通道？在药店和商店是否有可提供的免费避孕套？是否有工人和社区艾滋病及性传播疾病宣传教育？ ④ 在靠近社区的主要高速公路上是否设置了隔音障碍物？ ⑤ 是否有张贴道路施工标志和制定好的引导通过新建道路及重修道路的计划		以收集现场施工、监理和评估材料为主
运营期	效应评价	项目实施后对居民出行安全，道路沿线景观，健身步道以及对居民休闲健身的影响。 还可以考虑交通司乘人员职业相关疾病与危险因素	除了以上有关问题外，还需考虑以下方面的问题： ① 职业安全和健康标准是否被强制执行？ ② 国家是否有危险废物运输清单？是否严格执行和监管？ ③ 在路边村庄的农村道路上是否有降速测试标志？ ④ 在住宅区，晚上是否有关于沿路重型机械、卡车和巴士的监管控制？ ⑤ 交通部门是否鼓励使用好的燃油，比如低硫燃油、无铅汽油或者天然气等各种可能的燃料？ ⑥ 对于道路交通污染水平是否有健康影响监测的部门开展监测工作？该污染物是否对孕妇、小孩和老人有影响		以项目实施现场的现有居民问卷调查为主，以拦截调查为辅

表 5-2　道路交通项目健康影响因素及干预预期

主要健康影响因素		健康问题	建议的干预措施	预期健康效果
类别	描述			
环境：交通安全性 公共服务的可及性、公平性和质量：交通运输	不安全的道路和高速公路；缺乏合适的道路标志	交通事故	安全审计；急救设施的改进；危险地段改进计划；道路安全信息宣传；改进监管和执行力	降低医疗负担；减少致残和死亡；降低每年反复发生的耗费（每年1%~2%GDP）
就业：职业危害因素；职业防护和健康管理	职业暴露灰尘、噪声和震动；建设过程中重型机械使用	职业事故和伤害	个人防护设备；职业安全培训；意识宣传；技能培训	较少事故和伤害；降低呼吸道感染；预防事故和方便出行
环境：工作、生活和学习微观环境	空气污染物；烟雾；扬尘	呼吸道疾病和哮喘；儿童发育不良；心血管疾病死亡；肺癌	交通；使用纯度高的燃料；工作人员防护；较好的车辆技术；交通和土地使用计划；需求管理	减少入院率；提高孩子的成长水平；降低疾病负担和旷工
个体 / 行为危险因素：不安全性行为	提供商业性性服务者和主要路线的卡车休息驿站；受感染的工作者	艾滋病和其他性传播疾病	建筑工人健康教育；受雇佣前医学筛查；医疗包；在营地诊所提供避孕套	降低非正式居住点暴发性传播疾病的可能；减少医疗支出和生命丧失
环境：噪声	噪声超过55dB	精神健康障碍；耳聋	控制噪声的措施，比如加设障碍物和监管	改善周边居民由于噪声影响的睡眠质量
环境：空气质量；能源的清洁型	铅和其他燃料污染物	孩子智力发育迟缓	监管交通工具和燃料；提高燃料品质，降低苯、挥发性物质、铅和硫含量	听力和学习成绩提高

表 5-3　范围界定清单——选择适宜的健康影响评价等级

问题	回答/理由	选择适宜评估工具等级的指导	评估工具的综合性程度判断	
			高	低
① 政策变动的幅度大不大		变更幅度越大，工具的综合性应该越高		
② 政策变动是否对健康产生有重大的潜在影响		潜在健康影响越重大，不确定性等级越高，工具的综合性应该越高		
③ 政策变动的需求是不是很急迫		如果紧迫性相对较高，则可以选择综合性较低的工具		
④ 是否与其他政策制定的时间设置相关		如果时间设置与其他政策的制定关联密切，且时间表安排紧张，则可以选择综合性较低的工具		
⑤ 政策变动的经济社会发展利益水平有多高		经济社会发展利益水平越高，工具的综合性应该越高		
⑥ 是否有其他的政治考虑		政策变动的政治复杂性越高，工具的综合性应该越高		
⑦ 公众利益水平有多高		政策变动的公众利益水平越高，工具的综合性应该越高		
⑧ 政策变动是否存在“机会窗口”		考虑是否存在“机会窗口”（即好时机、货币流通、政策支持）。如果“机会窗口”即将关闭，可以选择综合性较低的工具		

注：健康影响评价专家工作组成员和可能受政策影响的人群代表一起，回答下列问题并简单陈述理由；根据评价工具等级的指导，勾出对工具综合性程度的选择；最终通过讨论确定健康影响评价的等级。

表 5-4　范围界定清单——选择优先考虑的因素（参考）

因素序号	参考事项		选择优先考虑的指导	优先考虑的程度判断/理由		因素优先度排序
				高	低	
因素 1	因素的重要性	影响覆盖面	该因素影响覆盖面越大，越应该优先考虑			
		健康后果严重性	该因素影响健康的后果越严重，越应该优先考虑			
		健康影响的消除	健康影响在短期不易消除，要优先考虑			
		公众的需求/关注度	公众对因素以及政策建议的关注度高，则予以优先考虑			
	因素的敏感性	因素与健康的关联程度（直接或间接）	该因素与健康有直接关联，则应该予以优先考虑			

续表

因素序号	参考事项		选择优先考虑的指导	优先考虑的程度判断／理由		因素优先度排序
				高	低	
因素 1	技术可操作性	现有资源和人员、技术上的满足	与该因素研究的现有资源和人员、技术上满足需要的程度越高，则越可优先考虑			
		资料的可获得性	与该因素相关的资料可获得性高，则可优先予以考虑			
因素 2						
……						

注：对于优先考虑因素的确定，还可以通过小范围的定性或定量调查来确定。

5.3 参考案例

本节提供了两个参考案例，其中延吉市案例是针对道路交通项目实施前期的形成性评价，宜昌市案例则是针对道路交通项目运营期的效应评价。虽然评价的侧重点不同，两者在健康影响评价技术思路上基本一致。

5.3.1 延吉市快速公交项目健康影响形成性评价

快速公交系统(Bus Rapid Transit，BRT)是一种以地面道路网为支撑，利用专用公交车辆，在专用道路上快速运行的公共交通方式。快速公交是一种集约、高效、环保的中运量交通方式，加之其投资省、建设周期短、见效快等诸多优势，近年来在我国取得了较大发展，常设在城市主要的客流走廊，作为骨干公交网络的重要组成部分，在城市公共交通体系中发挥着重要作用。

延吉市 2016 年申报“延吉市城市发展项目”，重点在城市基础设施中建设 BRT 用于缓解交通压力。以下对延吉市 BRT 项目形成性评价中针对健康影响的评价作简要描述。

(1) 前期准备：在延吉市“延吉市城市发展项目”立项准备中，亚洲开发银行组织 22 名来自不同领域专家组成团队负责健康影响评价工作。专家领域来自：人群健康领域、社会发展、环境科学、环境卫生、公共卫生、卫生统计、城市治理、交通领域。由健康领域和城市规划领域的 4 名专家组成核心工作组，负责搭建评价体系，给每位专家安排任务和时间进度表。核心工作组与延吉市政府发改局及卫健局负责人确定评价的内容及相关联系人。

在延吉市政府的支持下，健康影响评价专家组与市发改局及相关成员单位召开了 10 多次会议，取得了多个部门的支持，建立了工作框架。

(2) 筛选：亚洲开发银行专家团队分批赴延吉开展初步调研，了解延吉市的基本情况，包括：延吉市区位优势、交通情况、公共交通利用情况、市政基础设施、健康基本情况等。

调研专家根据现场调研结果，针对筛选清单所涉及的内容进行了综合考虑和讨论，确定在“延吉市城市发展项目”中要考虑对健康的影响，由此开展健康影响评价。本部分仅针对延吉市 BRT 建设项目进行描述。

基于表 5-1，延吉市 BRT 建设项目健康影响评价的内容应包括：

1) 管理层面：①道路交通部门是否设立了道路安全和安全意识项目？公共部门和非政

府组织是否参与？②地方是否有空气质量监控？③是否有一个常设小组协调制订道路安全计划和实施相关措施，以确保道路的有效安全使用？

2）项目实施前期形成性评价内容：项目在城市环境保护、减少居民交通意外伤害、改善宜居健身环境等方面可能产生的影响。

基于表 5-2 和专家团队的初步调研结果，尤其是针对不同层面居民对项目的认知和需求调查，确定 BRT 建设项目所涉及的健康影响因素，包括：环境方面，如交通安全性、噪声；个体 / 行为危险因素方面，如因出行方式改变导致的活动减少；公共服务的可及性、公平性和质量方面，如 BRT 线路对学校学生、老年人群及残疾人群的影响等。

(3) 范围界定：基于表 5-3、表 5-4 范围界定清单以及与 BRT 沿线居民的小范围座谈，考虑项目的紧迫性、影响、利益及可用资源等因素，项目核心工作组及专家团队确定健康影响评价优先针对 BRT 建设项目的人群公平性和对人们出行方式的影响来进行考虑。确定采用综合性评估方法来实施健康影响评价。

(4) 评估：亚洲开发银行专家组利用 3 个月的时间在延吉市开展定性、定量调查，并完成各类评估报告。

(5) 报告与建议：根据各领域专家的报告，核心工作组整合为详细的报告，并针对每个问题提出了相应的建议。

1）在 BRT 项目建设的同时，增加布尔哈通河沿岸步行道建设项目；BRT 建设项目沿线及交通路口设计和布点中，增加对学校学生、老年及残疾人群出行的考虑等。

2）"延吉市城市发展项目"名称改变："延吉市城市发展项目"是 2016 年申请项目的原名称。2017 年亚洲开发银行根据初步调研结果，提出该项目应立足于生态导向、气候适应性导向，变更项目名称为"延吉市低碳气候适应性城市项目"。2018 年亚洲开发银行基于项目的健康影响评价结果，补充了"提升健康受益"为项目目的之一，最后确定项目名称为"延吉低碳气候防御型健康城市项目建设"；同时拓展为三个子项目：①公交导向城市发展与可持续多模式交通整合的低碳城市交通；②基于气候适应的生态系统的洪涝管理系统与海绵城市基础设施及污水管理系统建设；③安全和气候适应性的供水管理系统建设。从"延吉市城市发展项目"名称的变迁和内容拓展可以看出在健康影响评价中，健康理念的逐渐融入、评价内容的逐渐深入过程。

延吉市 BRT 项目的健康影响评价从整体上提升了延吉市的城市建设格局，从单纯解决交通问题拓展到健康城市建设，健康影响评价由此发挥了巨大而有效的作用。

① 健康影响评价丰富了项目的内涵：评估工作原本以 BRT 建设项目为切入点，随着工作的深入，将 BRT 建设评价提升到整个城市低碳气候适应型健康城市建设。项目不仅仅只关注交通本身的问题，还增加了以气候恢复生态系统为基础的洪水风险管理、排水基础设施和海绵城市绿色基础设施子项目。

② 健康影响评价扩展了项目的外延：基于项目内涵的丰富，延吉市制订了健康、可及的城市行动计划和管理与监测计划、水安全计划、老年友好城市建设计划，制定并实施了"安全上学路线"干预措施，促进了城市中心所需的额外绿色开放空间的开发。

5.3.2　宜昌市快速公交项目的健康影响效应评价

宜昌东山大道快速公交系统自 2011 年 8 月启动了前期研究，历经四年的规划建设，于 2015 年 7 月 15 日正式投入运营，全长 23.9km。在该项目实施前期，亚洲开发银行对宜昌市

BRT 工程开展过健康影响评价。为进一步了解 BRT 运行过程中的健康影响,宜昌市健康城市专家委员会于 2019 年组织开展本次健康影响效应评价。

(1) 前期准备:健康宜昌专家委员会负责具体评价工作,选定来自城市建设研究、社会发展、环境科学、环境卫生、环境保护、公共卫生、传染病防治、卫生统计、健康管理、健康促进共计 12 名专家组成健康影响评价专家工作组。

经过专家讨论会,明确每位专家的具体工作内容。确定本次评价对象及范围是宜昌市 BRT 使用运行期的健康影响效应评价,并由宜昌市健康城市专家委员会向市政府办提交备案申请。

(2) 筛选:由于本次评价工作是政府指定性评价项目,故略去筛选流程。

(3) 范围界定:专家工作组及影响人群代表基于表 5-1 不同时期道路交通项目健康影响评价的内容及方法、表 5-2 道路交通项目健康影响因素清单以及对时间、资源优先的考虑,通过范围界定清单(表 5-3、表 5-4)的填写和小组讨论确定:

1) 健康影响效应评价重点为公众健康影响、职业人群健康影响和公众满意度三个方面。

2) 应考虑的健康影响因素包括:环境方面的交通安全性、空气污染、噪声;就业方面的职业危害因素、职业防护和健康管理(职业事故和伤害、焦虑);个体因素方面的公众满意度和舒适度评价等。

3) 由于是宜昌市健康专家委员会指定评价项目,社会效益较高,对人群健康也多是正向影响,因此在现有条件下决定采用综合性程度较低的评估方法进行快速评估,见表 5-5。

表 5-5 宜昌市 BRT 运行健康影响评价范围界定结果汇总

问题	回答/理由	选择适宜评估工具等级的指导	评估工具的综合性程度判断	
			高	低
政策变动的幅度大不大	不大	变更幅度越大,工具的综合性应该越高		√
政策变动是否对健康产生有重大的潜在影响	否	潜在健康影响越重大,不确定性等级越高,工具的综合性应该越高		√
政策变动的需求是不是很急迫	是	如果紧迫性相对较高,则可以选择综合性较低的工具		√
是否与其他政策制定的时间设置相关	是	如果时间设置与其他政策的制定关联密切,且时间表安排紧张,则可以选择综合性较低的工具		√
政策变动的经济社会发展利益水平有多高	较高	经济社会发展利益水平越高,工具的综合性应该越高		√
是否有其他的政治考虑	否	政策变动的政治复杂性越高,工具的综合性应该越高		√
公众利益水平有多高	较高	政策变动的公众利益水平越高,工具的综合性应该越高		√

续表

问题	回答 / 理由	选择适宜评估工具等级的指导	评估工具的综合性程度判断	
			高	低
政策变动是否存在“机会窗口”	否	考虑是否存在“机会窗口”（即好时机、货币流通、政策支持）。如果“机会窗口”即将关闭，可以选择综合性较低的工具		√
是否有健康影响评价人力资源支持	有	资源水平越高，工具的综合性应该越高		√
是否有健康影响评价资金	否	资金支持水平越高，工具的综合性应该越高		√

4）确定了针对各健康影响因素进行评估的数据收集及分析思路。按照利益相关原则从公众、职业人群、BRT 车站、BRT 车辆四个方面收集资料。

（4）评估：采用定性和定量相结合方法，完成评估。

1）文献研究：通过文献检索，搜集有关 BRT 运行与环境影响、BRT 相关工作人员健康防护、工作满意度、健康素养与培养对策、健康体检等内容，进行归纳整理，以便提出针对现有 BRT 存在问题的建设性建议。

2）现有资料收集：从宜昌市健康大数据平台上收集伤害及死亡相关资料；从公交公司年报数据和工作总结中收集相关 BRT 运营资料。

3）个人访谈：在宜昌市公交集团的协同下，开展对 BRT 一线工作人员进行现场访谈。

4）现场卫生监测：收集 BRT 线路和普通线路不同时段的噪声和空气污染物监测报告资料。

① 监测时段：现场监测时间为 2019 年 7 月 18 日，选择交通高峰期进行检测和采样。气压、空气湿度符合监测条件。

② 监测点：选择一条快速公交线路和一条普通公交线路，分别选取班次密集、客流量大、附近居民区集中的 1 个 BRT 站点和 1 个普通公交车站点设置监测点，同时在这两个站点最近的居民小区（或住宅楼）分别设置监测点。合计 4 个监测点。具体线路、站点和小区监测点可现场勘测后协商确定。

③ 监测内容：每个监测点均检测噪声，并采集空气污染物样品，包括：一氧化碳（CO）、臭氧（O_3）、二氧化氮（NO_2）、氮氧化物（NO_x）、颗粒物（粒径≤10μm）、颗粒物（粒径≤2.5μm）。记录现场检测和采样信息，同时绘制监测点示意图（能大致反映出监测点与公交线路的相互关系、位置、方位、距离等信息，可用文字描述和现场照片作补充）。

5）居民调查：对 4 个监测点附近居民、行人、机动车辆驾驶者、非机动车辆驾驶者开展 BRT 对城市发展和居民生活影响的问卷调查，共计 400 人。

6）专家咨询：基于文献分析及现场评估资料，对公共交通、环境卫生等领域专家进行咨询，以确定健康影响评价的结果和建议，保证其科学性和客观性。

（5）报告与建议：基于评估结果的分析和专家咨询，健康影响评价专家工作组提出，BRT 项目实施对健康的影响表现在：

1）积极影响：增加了出行便利，乘车人员的便利程度和满意度均达到80%以上；减少了交通死亡，BRT运行三年来因交通事故导致的死亡人数呈下降趋势；对周围居民环境和噪声的影响处于正常水平；手机APP及智慧交通建设有效缓解等车焦虑情绪。

2）消极影响：司乘人员的职业相关疾病患病率较高，其有效防护措施和医疗保障措施不够；对于非机动车辆行车管理不够，容易造成交通事故；道路沿线公共厕所设置不足，因如厕应急而横穿道路，会增加意外发生的风险；绿色出行文化氛围营造不够。

基于以上影响，专家工作者提出相应建议，并提交宜昌市政府办公室，供决策参考：①建立健全对司乘人员职业相关疾病防护及健康知识宣教，提升健康素养，增加职业相关疾病的医疗保障措施；②新道路建设中增加非机动车道，保护非机动车辆的安全；③修订更新宜昌市人民政府发布的《宜昌市快速公交系统管理办法》，增加厕所等便民公共空间使用规定；④实施精细化交通管理。加强对交通出行状况的监测、分析和预判。提升道路交通效率。大力倡导绿色出行理念，推进绿色车辆规模化应用，加强绿色出行保障。

（**撰　　写**　刘晓俊　徐　勇；
案例提供　王英明　石红林　刘继恒
审　　核　史宇晖　李星明　徐　勇）

参考文献

[1] Gorman D, Douglas M J, Conway L, et al. Transport Policy and Health Inequalities: a Health Impact Assessment of Edinburgh's Transport Policy [J]. Public Health, 2003, 117 (1): 15-24.
[2] 江海燕，朱雪梅，孙泽彬，等．广州居民交通出行的分异趋势及对交通公平的启示［J］．规划师，2014，30（01）：94-100.
[3] 刘明辉．公共交通设施空间分布公平性研究［D］．武汉：中南财经政法大学，2017.
[4] 罗能生，彭郁．交通基础设施建设有助于改善城乡收入公平吗？——基于省级空间面板数据的实证检验［J］．产业经济研究，2016（04）：100-110.
[5] 中国健康教育中心．健康影响评价理论与实践研究［M］．北京：中国环境出版集团，2019.
[6] Arup（奥　雅　纳）.Cities Alive: Towards a Walking World [M].London: ARUP, 2016. https://www.arup.com/perspectives/publications/research/section/cities-alive-towards-a-walking-world.
[7] Schram-Bijkerk D, van Kempen E, Knol A B, et al. Quantitative Health Impact Assessment of Transport Policies: Two Simulations Related to Speed Limit Reduction and Traffic Re-allocation in the Netherlands [J]. Occupational and Environmental Medicine, 2009, 66 (10): 691-698.
[8] 王逸欣．河南省交通行业节能减排潜力分析及其健康影响评价［D］．郑州：郑州大学，2016.
[9] Woodcock J, Edwards P, Tonne C, et al. Public Health Benefits of strategies to Reduce Greenhouse-gas Emissions: Urban Land Transport [J].The Lancet, 2009, 374 (9705): 1930-1943.
[10] Woodcock J, Givoni M, Morgan A S. Health Impact Modelling of Active Travel Visions for England and Wales Using an Integrated Transport and Health Impact Modelling Tool (ITHIM) [J]. PLoS One, 2013, 8 (1): e51462.
[11] Woodcock J, Tainio M, Cheshire J, et al. Health Effects of the London Bicycle Sharing System: Health Impact Modelling Study [J]. Bmj, 2014, 348: g425.
[12] 许值深．慢性交通设施对健康影响的定量评价及公平性研究［D］．成都：西南交通大学，2018：3-4.